工业设计（产品设计）专业教学探索系列教材

CARING WITH DESIGN:
FROM PRODUCT, ARCHITECTURE TO
ENVIRONMENTAL CARE

关怀设计

由产品、建筑到环境关怀

吴俊杰　萧百兴　等　编著

中国建筑工业出版社

图书在版编目（CIP）数据

关怀设计：由产品、建筑到环境关怀＝CARING WITH DESIGN：FROM PRODUCT，ARCHITECTURE TO ENVIRONMENTAL CARE / 吴俊杰等编著. — 北京：中国建筑工业出版社，2021.3

工业设计（产品设计）专业热点探索系列教材

ISBN 978-7-112-26415-5

Ⅰ. ①关… Ⅱ. ①吴… Ⅲ. ①产品设计－教材 ②建筑设计－教材 Ⅳ. ①TB472 ②TU2

中国版本图书馆CIP数据核字（2021）第149548号

本书主要分六章，阐述产品设计与建筑设计师尝试运用关怀设计的观念来关注社会议题，第1章关怀设计导论阐述了关怀设计的定义与理论基础；第2章关怀设计理念的实践主要阐述关怀设计应以针对使用人群之环境、生理、心理、社会与文化需求为设计思维之核心；第3章高龄社会与关怀设计中以产品设计案例来说明如何实践关怀设计；第4章高龄失智症园艺治疗设计，介绍高龄失智症日间照顾中心园艺治疗课程与设施设计为主；第5章关怀设计的建筑实践以历史地理建筑学为基础，提出回归地域精神的空间脉络修补式规划设计的论述；第6章地区人文性空间的公共设计关怀，以北台湾三峡老街、深坑老街城市遗产保护的规划设计实践经验为说明。

责任编辑：吴 绫 唐 旭
文字编辑：吴人杰
版式设计：锋尚设计
责任校对：焦 乐

工业设计（产品设计）专业热点探索系列教材
关怀设计 由产品、建筑到环境关怀
CARING WITH DESIGN: FROM PRODUCT, ARCHITECTURE TO ENVIRONMENTAL CARE
吴俊杰 萧百兴 等 编著
*
中国建筑工业出版社出版、发行（北京海淀三里河路9号）
各地新华书店、建筑书店经销
北京锋尚制版有限公司制版
北京京华铭诚工贸有限公司印刷
*
开本：880毫米×1230毫米 1/16 印张：9½ 字数：261千字
2021年8月第一版 2021年8月第一次印刷
定价：**49.00**元
ISBN 978-7-112-26415-5
（37085）

工业设计（产品设计）专业热点探索系列教材

编 委 会

总 序

为适应《普通高等学校本科专业目录（2020年）》中对第8个学科门类工学下设的机械类工业设计（080205）以及第13个学科门类艺术学下设的设计学类产品设计（130504）在跨学科、跨领域方面复合型人才的培养需求，亦是应中国建筑工业出版社对相关专业领域教育教学新思想的创建之路要求，由本人携手包括天津理工大学、台湾华梵大学、湖南大学、长沙理工大学、天津美术学院5所高校在工业设计、产品设计专业领域有丰富教学实践经验的教师共同组成这套系列教材的编委会。编撰者将多年教学及科研成果精华融会贯通于新时代、新技术、新理念感召下的新设计理论体系建设中，并集合海峡两岸的设计文化思想和教育教学理念，将碰撞的火花作为此次系列教材编撰的“引线”，力求完成一套内容精良，兼具理论前沿性与实践应用性的设计专业优秀教材。

本教材内容包括“关怀设计；创意思考与构想；新态势设计创意方法与实现；意义导向的产品设计；交互设计与产品设计开发；智能家居产品设计；设计的解构与塑造；体验设计与产品设计；生活用品的无意识设计；产品可持续设计。”其关注国内外设计前沿理论，选题从基础实践性到设计实战性，再到前沿发展性，便于受众群体系统地学习和掌握专业相关知识。本教材适用于我国综合性大学设计专业院校中的工业设计、产品设计专业的本科生及研究生作为教材或教学参考书，也可作为从事设计工作专业人员的辅助参考资料。

因地区分布的广泛及由多名综合类、专业类高校的教师联合撰稿，故本教材具有教育选题广泛，内容阐述视角多元化的特色优势。避免了单一地区、单一院校构建的编委会偶存的研究范畴存在的片面局限的问题。集思广益又兼容并蓄，共构“系列”优势：

海峡两岸研究成果的融合，注重“国学思想”与“教育本真”的有效结合，突出创新。

本教材由台湾华梵大学、湖南大学、天津理工大学等高校多位教授和专业教师共同编写，兼容了海峡两岸的设计文化思想和教育教学理念。作为一套精专于“方法的系统性”与“思维的逻辑性”“视野的前瞻性”的工业设计、产品设计专业丛书，本教材将台湾华梵大学设计教育理念的“觉之教育”融入内陆地区教育体系中，将对思维、方法的引导训练与设计艺术本质上对“美与善”的追求融会和贯通。使阅读和学习教材的受众人群能够在提升自我设计能力的同时，将改变人们的生活，引导人们追求健康、和谐的生活目标作为其能力积累中同等重要的一部分。使未来的设计者们能更好地发现生活之美，发自内心的热爱“设计、创造”。“觉之教育”为内陆教育的各个前沿性设计课题增添了更多创新方向，是本套教材最具特色部分之一。

教材选题契合学科特色，定位准确，注重实用性与学科发展前瞻性的有效融合。

选题概念从基础实践性的“创意思考与构想草图方法”“产品设计的解构与塑造方法”到基础理论性的“产品可持续设计”“体验时代的产品设计开发”，到命题实战性的“生活用品设计”“智能家居设计”，再到前沿发展性的“制造到创造的设计”“交互设计与用户体验”，等等。教材整体把握现代工业设计、产品设计专业的核心方向，针对主干课程及前沿趋势做出准确的定位，突出针对性和实用性并兼具学科特色。同时，本教材在紧扣“强专业性”的基础上，摆脱传统工业设计、产品设计的桎梏，走向跨领域、跨学科的教学实践。将“设计”学习本身的时代前沿性与跨学科融合性的优势体现出来。多角度、多思路的培养教育，传统文化概念与科技设计前沿相辅相成，塑造美的意识，也强调未来科技发展之路。

编撰思路强调旧题新思，系统融合的基础上突出特质，提升优势，注重思维的训练。

在把握核心大方向的基础上，每个课题都渗透主笔人在此专业领域内的前沿思维以及近期的教育研究成果，做到普适课题全新思路，作为热点探索的系列教材把重点侧重于对读者思维的引导与训练上，培养兼具人文素质与美学思考、高科技专业知识与社会责任感并重，并能够自我洞悉设计潮流趋势的新一代设计人才，为社会塑造能够丰富并深入人们生活的优秀产品。

以丰富实题实例带入理论解析，可读性、实用性、指导性优势明显，对研读者的自学过程具有启发性。

教材集合了各位撰稿人在设计大学科门类下，服务于工业设计及产品设计教育的代表性实题实例，凝聚了撰稿团队长期的教学成果和教学心得。不同的实题实例站位各自理论视角，从问题的产生、解决方式推演、论证、效果评估到最终确定解决方案，在系统的理论分析方面给予足够支撑，使教材的可读性、易读性大幅提高，也使其切实提升读者群体在特定方面“设计能力”的增强。本教材以培养创新思维、建立系统的设计方法体系为目标，通过多个跨学科、跨地域的设计选题，重点讲授创造方法，营造创造情境，引导读者群体进入创造角色，激发创造激情，增长创造能力，使读者群体可以循序渐进地理解、掌握设计原理和技能，在设计实践中融合相关学科知识，学会“设计”、懂得“设计”，成为社会需要的应用型设计人才。

本教材的内容是由编委会集体推敲而定，按照编写者各自特长分别撰写或合写而成。以编委委员们心血铸成之作的系列教材立足创新，极尽各位所能力求做到“前瞻、引导”，探索性思考中难免会有不足之处。我作为本套教材的组织人之一，对参加编写工作的各位老师的辛勤努力以及中国建筑工业出版社的鼎力支持表示真诚的感谢。为工业设计、产品设计专业的教学及人才培养作出努力是我们义不容辞的责任，系列教材的出版承载编委会员们，同时也是一线教育工作者们对教育工作的执着、热情与期盼，希望其可对莘莘学子求学路成功助力。

钟蕾

2021年1月

前　言

全世界正在面对人口老龄化所造成的高龄社会问题，设计师尝试运用“关怀设计”的态度、思维与观念来解决因此所衍生出来的产品设计、建筑设计、环境设计的种种新概念。本书由台湾华梵大学艺术设计学院的产品设计、建筑设计等专业的4位老师，共同撰写阐述上列3项专业领域中是如何实践“关怀设计”的理论与实务运用。

第1章关怀设计导论由吴俊杰教授阐述“关怀设计”的定义与理论基础。吴俊杰目前为工业设计学系教授，英国De Montfort University工业设计硕士与设计管理博士，具有设计实务的经验，长期关注“关怀设计”研究与产品设计领域。吴俊杰教授还担任本书第3章与第4章的撰写，其中，第3章高龄社会与关怀设计中以产品设计案例来说明如何实践“关怀设计”，案例都是近6年内学生毕业专题设计的作品，第4章高龄失智症园艺治疗设计，主要是近年所指导硕士生的研究范畴，介绍高龄失智症日间照顾中心园艺治疗课程与设施设计。

第2章关怀设计理念的实践由工业设计学系叶晋利副教授撰写，他拥有英国曼彻斯特都会大学工业设计硕士学位，专研产品开发与设计管理，具有产品设计项目实务经验。第2章主要阐述关怀设计应以针对使用族群的环境、生理、心理、社会与文化需求为设计思维的核心，能达成产品开发企划所默认产品使用族群的设计目标与契合用户定位相关规范的要求条件，表现使用族群悦纳的产品物理质量、使用感受与心理效应才是落实“关怀设计”理念的具体实现。

第5章关怀设计的建筑实践，呼唤历史地理建筑学，回归地域精神的空间脉络修补式规划设计，由建筑学系萧百兴教授执笔。萧百兴教授具有台湾大学建筑与城乡研究所博士学位，其人文旅游建筑素养在两岸间享有盛名，经常协助大陆与台湾许多地区的人文旅游建筑规划。第5章中他提到当前建筑应回归人性关怀的积极意义，从人生命经验与地域性出发建构认识论基础，将历史地理建筑学作为关怀设计的论述推展过程；将建筑环境的关怀设计植根于对基地人文世界的深刻了解，从文化地景开展关怀设计的研究方法论，到文脉修补与意义点化的创作论；并佐以台湾石碇与温州泰顺两地的规划与设计实践经验案例加以说明。

第6章地区人文性空间的公共设计关怀以北台湾三峡老街、深坑老街城市遗产保护的规划设计实践经验为说明，由建筑学系林正雄助理教授执笔，他获得台湾大学建筑与城乡研究所硕士、上海同济大学建筑与城市规划学院博士，长期从事古迹、历史建筑及聚落人文地景调研工作、人文性空间规划设计等专业实践达20余年，林正雄助理教授的教学领域专长为文化资产保存活化、旧建筑再利用、公共空间营造议题、室内设计实务、建筑设计等。第6章主要阐述历史街区的遗产保护与活化作为异质地方（Heterotopias）建构的物质基础，探讨人文性向度保存规划，包括特色产业、百年老店、地方工艺、饮食文化、生活步调、邻里活动、节庆生活、自然成长有机的生活巷弄、各时代历史光谱脉络的街屋构造保存、街道开放空间规划设计以及节能减碳、乐活与慢活的优质生活圈域与交通配套措施等，是关怀设计理论性建构的关注核心。也就是说，透过历史街区的保存、周边环境的修补与重构、历史产业与人文生活的活化，重塑具有地区环境意义的生活方式（Life Style），并以历史街区的保存再生为核心建构可居与永续（可持续）的城市（Livable & Sustainable Cities）规划论述。

台湾华梵大学　工业设计学系教授

吴俊杰

目　录

总　序
前　言

第1章 关怀设计导论 001
1.1 关怀设计的定义 002
1.2 关怀设计理论与实务 002

第2章 关怀设计理念的实践 007
2.1 以使用者为中心的关怀设计理念 008
2.2 关怀设计之思维因素 009
2.3 关怀使用者之需求分析 009
2.4 关怀设计的产品质量条件 012
2.5 结语 013

第3章 高龄社会与关怀设计 015
3.1 福祉设计与产品设计 016
3.2 健康照护与产品设计 025

第4章 高龄失智症园艺治疗设计 039
4.1 日间照护中心园艺治疗课程与设施设计 040
4.2 居家园艺治疗设施 049
4.3 园艺与五感治疗产品设计 050

第5章 关怀设计的建筑实践：呼唤历史地理建筑学——回归地域精神的空间脉络修补式规划设计 051
5.1 当前建筑回归人性关怀的积极意义 052
5.2 历史地理建筑学作为关怀设计的论述发展过程 053
5.3 人文生命经验与地域性：建筑关怀设计的认识论基础　建筑关怀设计植基于对基地人文世界的深刻了解 058
5.4 任何地景皆是“文化地景”：文化地景是地域性的空间文脉展布——建筑关怀设计的研究方法论开展 064
5.5 文脉修补与意义点化：建筑关怀设计的创作论 075
5.6 案例 083

第6章
地区人文性空间的
公共设计关怀
101

6.1 关怀弱势与空间正义的另类都市更新设计思维........102
6.2 三角涌老街历史风貌特定专用区“人文性”规划理念分析........106
6.3 深坑老街历史风貌特定专用区“地区人文性”规划设计实践........116
6.4 历史街区之保存作为异质地方（Heterotopias）建构的物质基础....124

参考文献........135

第1章
关怀设计导论

中国台湾内政主管部门统计处发布，台湾65岁以上人口在2017年1月前统计占台湾地区总人口的13.2%，台湾人口结构于1993年迈向高龄化社会以来仍持续成长，虽比欧美日地区低，但已经是亚洲地区最高。学者陈洲在《人口老龄化现状下的高龄者设计要点分析》论文中提及，中国大陆65岁人口在2014年12月前统计有1.38亿，占总人口数10.1%。学者符秀华与陈瑜在《顺应人口老龄化趋势培养实用型老年护理专业人才》论文中提到，预计2025年大陆60岁以上老年人口将达20%，2050年将为20.5%。

据此人口老化现象，健康杂志记者李瑟报道，施政当局需要进行新的社会工程：持续提供医疗长期照护，建立友善居住环境与重视个人居住的居家设计。高龄化社会趋势在整个中国（包括大陆、港、澳、台）将是21世纪必须面对的重要议题，《孟子》一书中所提“老吾老以及人之老，幼吾幼以及人之幼”的精神，可以当成高龄化社会的设计理念，让设计师来关注因高龄化社会所衍生出的产品设计、建筑设计与环境设计等领域的需求，并且运用设计思维来关怀这些少数或是弱势的消费者与使用者。

1.1 关怀设计的定义

学者张磊在《关怀设计理念在残障人士专用产品设计中的应用》论文中提及，关怀设计衍生自人文关怀，是一种态度、思想，对人跟物之间的一种关怀。学者康瑛石在《谈基于关怀思想的残障人士专用产品设计》论文中提及，关怀设计是一种设计理念，为特殊族群提供易亲近与独立生活环境，解决日常生活问题。学者徐小宁在《马斯洛的需求论对关怀设计的启示》论文中说明，关怀设计是对人的尊重，以人为本，他进一步以马斯洛需求理论阐述关怀设计：关怀设计是满足用户由生理层次到心理层次的需求。

设计学者王明堂提出关怀设计的意义，广义指环境永续经营，狭义指为借由设计维护弱势使用者社会生存，或发现不合理行为运用设计进行改变。王明堂认为关怀设计会形成人类自省的力量，设计不再是获取消费者的利益，而是必须解决人类问题、环境平衡。设计过程中需考虑关怀者（业者、设计师）与被关怀者（消费者、使用者）之间的关系。

设计学者余虹仪在《爱X通用设计》一书中提及，通用设计是充满爱与关怀的设计概念。这与关怀设计理念是相符的，只是范围不同，通用设计范围是包含关怀设计，因为通用设计是希望除了一般使用者外，也能考虑少数或是弱势群体的设计。由此归纳，通用设计的理念是关怀少数群体外也必须符合多数人的使用为原则（图1-1）。关怀设计是关注于少数或是弱势群体，目前因社会老龄化，高龄福祉设计已经成为关怀设计的重要议题。

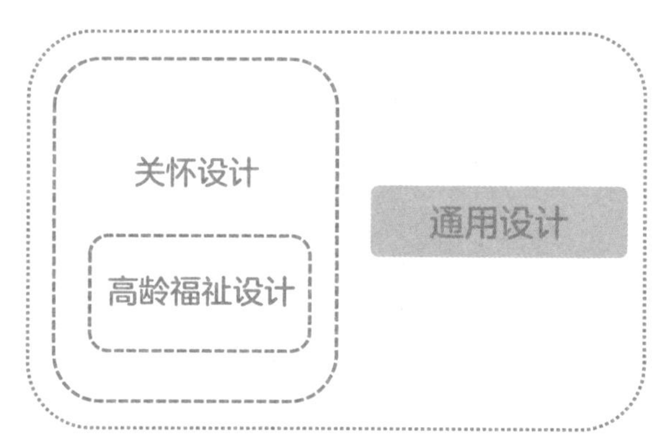

图1-1 关怀设计理念与范围
（图片来源：吴俊杰 绘制）

1.2 关怀设计理论与实务

《天下杂志》记者彭子珊报道，发达国家中60岁以上人口，2030年前将上涨30%，由1.64亿变为2.22

亿，每年消费金额约四兆美元，这四兆美元是庞大的消费商机。彭子珊进一步报道，日本企业针对此商机，推出新观念的产品销售手法，例如日本NTT DoCoMo除加大手机键盘方便老人拨打外，并利用退休巴士旅游团方式营销手机，且于门市部提供课程说明手机运用程序，方便老人学习使用。

家电品牌Panasonic设置通用设计部门来开发专属产品，从一般家用电器产品到卫浴用品一应俱全；TOTO、Linax等品牌专门为高龄者设计的卫浴产品与空间规划设计；Toyoto 、Suzuki等汽车品牌推出为高龄者设计的车款，Toyota还推出电动单人行动辅具；建筑领域的积水房屋株式会社（Sekisui House）专门为高龄者打造安全舒适的居住空间；浜松市的都市规划与建设，以通用设计的原则改进市容，这些实例涵盖产品设计、建筑设计、环境设计领域，让日本的高龄化社会设计成为世界上的典范。

本书着重于3个层面，由图1-2中显示关怀设计与人、物、环境的关系。关怀设计的对象人，是以高龄者、弱势群体等少数者为主，也涵盖一般使用者；物以产品设计与建筑设计为目标：其中产品设计领域包含①以人为中心的关怀设计理念。②设计、科技、人及行为与情境间的互动关系。③福祉设计、健康照护、高龄失智园艺治疗的相关产品设计。建筑设计领域包含：①历史建筑回归地域精神的空间脉络，以泰顺、屏南与台湾东北角地区为例。②以地区人文性建筑关怀由历史与集体记忆面到公共利益与风格美学的设计思维，关怀设计历史建筑规划与地区人文性空间公共空间关怀为主，以台湾三峡老街与深坑老街再造为例；环境则聚焦于关怀性环境设计，提供使用者在环境中的便利性以及满足心理需求。

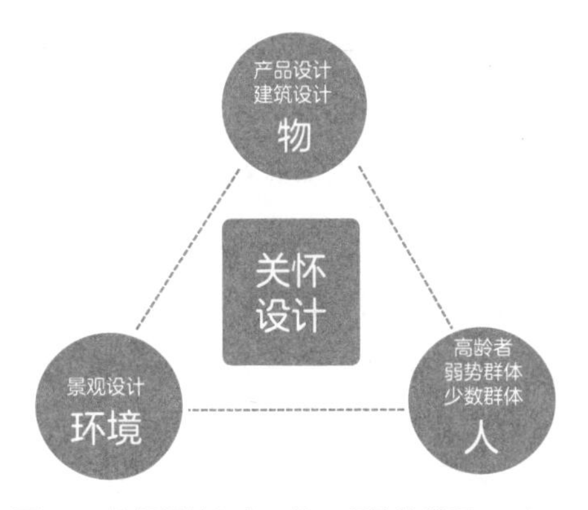

图1-2 关怀设计与人、物、环境的关系
（图片来源：吴俊杰 绘制）

高龄社会的来临，关怀设计的实践者、设计师，首先，需要了解高龄者的心理需求，以及对社会参与的渴望，因为，退休后的高龄者渴望与他人互动、被关心，更希望能活出价值，且对社会有所贡献；其次，设计师也需了解高龄者身心机能退化的情形与高龄设计应注意的事项。

1.2.1 高龄者的心理需求

设计学者余虹仪在《爱X通用设计》一书中提及，50岁以上的熟龄者与65岁以上的高龄者是将来市场消费主流，这两类人生理上开始退化，心理上有抗老的意识，需要人的关怀，因此生理与心理上贴心的设计是必需的。《天下杂志》记者林怡廷报道，史丹佛长寿中心Ken Smit表示：大众响应高龄社会，多由照顾者不是老人的观点来进行，高龄社会不能只思考如何照顾老人，需要将心比心了解老人的实际上需要。《联合报》记者陈威任在报道中提及联合报与7-ELEVEN合作的“迈入超高龄社会——年轻人认知与态度大调查”发现，中国台湾20～49岁关心就业与食品安全问题，对于老龄议题相对没有感觉，实际对老人付出也偏低，调查显示70%家中有65岁以上家人，只有16.9%民众每月与长辈见面一次，50%以上民众与长辈见面时只是吃饭、看电视。

针对上述高龄者心理需求，学者莎宾娜·维德伍等在《创造连接》一书中提及，运用连接感防止高龄者感到孤寂与孤立，创造一个环境，支持、加强人生福祉事务，例如高龄社会住宅的设计需要提供高龄者活动交谊空间、饮食料理的共享区域等，运用日常使用空间联系其他高龄者。

《天下杂志》记者林怡廷报道中国台湾团队参与2016年史丹佛银发设计竞赛（Stanford Center on Longevity Design Challenge），产品“Potalk电子盆栽”获奖，该产品不用亲自浇水。以家人跟老人对话时间为依据，启动电子浇水系统，来协助植物成长。另外林怡廷还报道“回忆录大富翁”利用科技将纸上大富翁改造，运用怀旧治疗概念以老人熟悉的照片或影片引起老人共鸣，分享经历，职能治疗师还可以观察协助家人了解老者状况。以上这两件产品创意，都是聚焦于高龄者缺乏与家人朋友间的互动与对话，进而鼓励家人需要多关怀高龄者日常生活与对话，或是鼓励高龄者与朋友间的互动交流。《天下杂志》记者刘光莹认为长者真正的需求还是在于陪伴，顾伟扬和黄治纲创立的玛帛公司，因对亲人的思念，研发出“长者真正会使用的视频通话装置—— Mabow Gate”，以高龄者最熟悉的电视界面，结合网络与摄影镜头，可以让高龄者使用视频方式与亲人沟通。

1.2.2 高龄者的社会参与渴望

《天下杂志》记者彭子珊指出日本高龄社会65岁以上占总人口数的25%，退休人员中有70%希望可以继续工作，但是实际上只有20%持续工作，比起赚钱，高龄者想珍惜与人相处的时光。《健康杂志》记者李瑟报道提及，世界卫生组织前总干事陈冯富珍认为，政府施政要让老人参与社会，老人健康随年纪递减但并不是弱势。他还提及，前欧盟老年医学会理事长、法国国家医学院院士米契尔（Prof Jean-Pierre Michel）提出，老人需要被照顾的只是少数，大多数人是很活跃的，他们的经验、能力、资源是可以贡献给社会的。学者洪兰认为照顾高龄者时只要他能活动，就尽量提供让他活动的机会，还可以安排能获利的动手机会，让高龄者觉得“我还有价值”，他的生命才有意义。学者Wildevuur等提出，退休仍在工作的高龄者较为健康富裕，他们希望持续担任社会上的角色。综上所述，高龄者虽然退休了，很多人仍希望持续对社会有所贡献而继续进行各式各样较为简易的工作，这样他们不仅可以获得身心上的健康，还可以与他人相处互动，最重要的是觉得自己还有价值可以贡献给社会。

1.2.3 高龄者身心机能

设计学者李传房在《高龄用户产品设计之探讨》论文中提到，高龄者的身心机能随年龄增长逐渐衰退，进行高龄化的产品设计，就需了解高龄者的身心机能特性。例如运动机能：肌力降低，握力为年轻人的75%，行动迟缓操作时间增长，平衡感衰退容易跌倒；知觉机能：①视觉：模糊看不清、颜色判别差；②听觉：高音频听力丧失与短音不易接收；③触觉：手感降低，凸字较易辨认；认知机能：工作记忆与短期记忆随年龄增长逐渐衰退，界面设计避免需要高龄者投入大量注意力、思考操作顺序、快速判别、记忆多的输入项目。

学者洪兰在《天下杂志》专栏中提出，高龄者多说话可以活化大脑，与人互动或跟宠物交谈也可以活化大脑神经回路，可以促进大脑血液循环。杨心怡、曾慧雯、陈俊辰在世界卫生组织的第一份《全球老化与健康报告》提及，健康老化除了要维持身体正常功能并且免于病痛，不要有失能与失智外，更要有心灵健康与社交活跃，且能贡献于社会。杨心怡等人还提出台北荣民总医院高龄医学中心主任陈亮恭提到由饮食与运动控制预防比较重要，但是高龄者不易达成。他还提及，多吃蛋白质、规律运动、不抽烟，做好老年准备，他更呼吁所有人减少久坐，规律运动、摄取适当的营养，就能预防肌少症、衰弱症、失智。

由上述文献得知，高龄者虽然身体机能随年纪增长而日渐退化不可避免，但心理的年轻可以透过人为努力达成，因此，多动脑与人对话、饮食摄取重营养、适当运动有助于身心健康。

1.2.4 高龄化设计

学者李传房认为在信息化产品设计时对高龄使用者须注意下列因素：信息产品功能过于复杂，高龄者难以理解与操作；高龄者身心机能退化，无法正常操作；高龄者没有操作信息产品经验。他还提出高龄者因个性与身体情况对于“食、衣、住、行、育、乐”的生活形态上，操作差异很大。学者李传房归纳出高龄化产品设计的要点：“需求探讨：探讨高龄者在生活、工作、社交或休憩等活动对产品设计的需求；设计理念：在ISO/IEC guide 71的规范之下，以高龄者的身心机能特性为基础，可以正确掌握设计的要点，再透过通用设计或高龄工学的理念，提出设计解决方案；身心机能：参考ISO/IEC guide 71的规范，探究高龄者身心机能之特性，如运动、知（感）觉、认知等机能的退化、各机能之间的统合研究或高龄者彼此之间的差异性，以作为产品设计的依据；操作训练：高龄者因身心机能的退化程度不一，对于身心机能较弱的高龄者可通过产品的说明、教导或训练，使其能理解、熟悉产品的操作。所以，在设计之时，高龄化产品除了重视实用机能与美学机能的设计之外，也必须考虑如何教导、训练高龄者能正确地使用产品，以达到效能、安全、舒适的使用目的。”

《健康杂志》记者陈威任指出：跌倒是65岁老人意外死亡的主要原因，不仅老人家痛苦，也加重照顾者的负担。预防方式：①适当照明：充足室内照明为基本要求，老人晚上上厕所需要在房间设置夜灯，行经路线上也可设计感应照明；②净空的动线：屋内动线要明确，门槛3cm以上须去除；③明显的标示；④防滑地板；⑤稳固扶手；⑥贴心的浴室：防湿与止滑，避免用浴缸，提供淋浴椅与洗手台用椅；⑦设计友善的楼梯；⑧合适的家具；⑨合身的衣着；⑩适当的室温；⑪安全的用药；⑫增强腿力的运动：美国运动医学会（American College of Sports Medicine, ACSM）在1998年的声明中指出：平衡训练、阻力运动、走路以及重心转移的综合性运动，有助于降低跌倒的风险。

1.2.5 高龄者在地老化环境与建筑空间规划

《天下杂志》记者蓝丽娟指出在地老化（Aging in place），是近年各国老人照护政策的发展趋势。《天下杂志》记者郭芝榕指出台湾当局有关部门的调查显示65岁高龄者，生活可以自理时19%愿意住进赡养机构，67%表示没意愿。台湾大学社会系教授陈东升说：“在地老化应强调自然的生活状态，让老人负担得起，自主选择一个他觉得快乐、适合的地方，不要集中机构化。其核心价值，就是老有所用”。

设计学者余虹仪在《爱X通用设计》一书中提到，瑞典在老人赡养上提倡在家安老，派员到府服务、住家维护与短期照料。他还提及，日本成立小区型看护机构，提供老人身心灵上的照顾，包含社交娱乐、专人照护、集体复健等。《天下杂志》记者陈一姗与彭子珊指出日本政府鼓励高龄者在家终老，医疗与护理合作提供比养老机构更适合的居住环境。《天下杂志》记者陈一姗与彭子珊还报道，苦栋树之丘是日本受瞩目的老人照护中心，接续医生的诊断，由照护经理、看护支持专门员、职能治疗师、照护服务员与社工合组团队，协助高龄者复健，最后是希望让长者能够回家自立生活。

1.2.6 建筑关怀设计

建筑关怀设计将历史街区之遗产保护与活化作为异质地方（Heterotopias）建构的物质基础，探讨人文性保存规划，包括特色产业、百年老店、地方工艺、饮食文化、生活步调、邻里活动、节庆生活、自然成长有机的生活弄巷、各时代历史光谱脉络的街屋构造保存、街道开放空间规划设计，以及节能减碳、乐活与慢活的优质生活圈域与交通配套措施等，是关怀设计理论性建构的关注核心。也就是说，透过历史街区的保存、周边环境的修补与重构、历史产业与人文生活的活化，重塑具有地区环境意义的生活方式（Life Style），并以历史街区的保存再生为核心建构可持续的城市（Livable & Sustainable cities）规划论述。

具有历史人文底蕴的城乡环境再发展，虽然必须正视经济效益以求其可行，但若仅以利益作为再发展的唯一目标，毫不考虑其他非利益的价值，势必导致扭曲的发展，形成另一种必然令人后悔无及的浩劫。在强调发展的脉络下建筑关怀设计最关键的核心价值在于如何扮演自觉的角色。在政府或开发商的决策过程中，适时注入一些可以被接纳的规划命题，以谋求一些非利益的价值理念，使其得以存续。在城乡现代化过程中历史地景与城市遗产的保护可以是建构“异质地方”的基础，也就是历史保存的场景与人的互动产生“镜像关系”，空间营造建构一种深度的反省契机，也可以说，遗产保护与活化产生的反射性效果，关系着市民主体性的建构。

1.2.7 环境关怀设计

环境关怀设计聚焦于运用设计手法，提供使用者在环境中的便利性，以及满足心理感受上的需求为目标。就大方向而言，关怀性环境设计分为：①物理环境的关怀：以无障碍环境设计为主要范畴；②心理层面的关怀与设计，分为环境偏好与恢复性环境两种理论：环境偏好理论说明设计一处令人喜好的环境应当考虑那些因素，而恢复性环境是指可让使用者恢复身心状态的环境，两者均是疗愈现代人的重要特质。

环境设计已经跳脱过去以工程构造为主的年代，逐渐地转向对人的关怀、使用者的感受，关心不同群体的使用习惯、需求，朝向更多元的方向发展，成为疗愈环境相关的领域。（本章作者为吴俊杰[1]。）

① 吴俊杰，教授，目前任教于台湾华梵大学工业设计学系/智能生活设计学系创意产品与汽车设计组。

第2章

关怀设计理念的实践

现代生活与社会环境中随处可见各式各样的产品与器具，以其特定的功能成为人们生活中不可或缺的良伴；由于工业技术的不断进化，计算机科技与信息网络的普遍应用，加快厂商进行产品开发、设计与生产的速度，企业与竞争者进行市场调查、研究与营销之能力也越来越接近。

工业化产品之产销趋势，由早期追求产量与生产速度的制造导向时代，历经讲求销售方法的营销导向时代，与强调快速取得市场信息以夺取市场先机的信息导向时代，演变至今以满足使用者需求为思维核心之需求导向时代；因此当今产品在市场上竞争力的差异，往往取决产品是否具有令人动心的产品质量、设计特色与创新价值。

由表2-1所述不同时代市场竞争特性之比较，可知今日产品开发工作中用户关怀设计理念与需求研究工作在产品开发与设计上的重要性。

不同时代之产品竞争特性　　表2-1

	时代区分	竞争特性
1	制造导向	物质匮乏时代，生产者与竞争者少，产品流通不易，产品生产后即被有经济能力的需求者购买，属于以量取胜的时代
2	营销导向	产品制造者增多，市场产品竞争者众，国际化贸易时代，渐需讲究营销方法，方能在产品市场胜出，赢得市场占有率
3	信息导向	注重应用网络工具与营销管理信息系统，收集与分析市场动态信息，快速精准响应市场需求，追求能适时切入市场空隙，取得市场先机
4	需求导向	消费者意识觉醒，讲究以人为本位，以用户关怀为中心之产品设计趋势，产品不但需满足用户需求，更注重产品使用之满意度，甚而追求产品特质能感动消费者，为感性消费时代

（数据来源：叶晋利，2008）

2.1　以使用者为中心的关怀设计理念

现今世界各国人口结构逐渐呈现高龄老化现象，各国政府与民间团体亦普遍重视社会生活环境质量与民生福祉之关怀；一般企业透过市场开发与产品产销活动，实现企业发展目标与社会责任；产品开发与设计工作导入以使用者为中心的关怀设计理念，可说是表现当代工业设计专业使命与精神、符合时代潮流趋势、因应市场竞争态势、对应产品使用情境、考虑使用者背景与条件特性、体贴使用者需求、创造用户悦纳的产品设计特色、拉开与竞争者产品差异度、提升产品质量等级层次与使用满意度、创新产品独特价值、塑造产品品牌形象、建立企业品牌信誉与声望与强化产品在市场竞争力的有效设计策略。

人类社会发展至今，历经狩猎时代、农牧时代与工业时代之演进过程。在工业发展初期，虽各式各样工业化产品开始利用机器进行大量生产，但相较于现今高度成熟发展的自动化工业制造技术现况，在过往社会环境物资相对匮乏的时代，各式产品常因产量少、流通不易、价格因素、经济能力、社会风气与文化传统等原因，一般人通常具有惜物之习惯，当产品使用时遇到产品质量不良、难以操作、功能不当、使用不便、零件损坏、使用伤害、发生各种意外事件等非期望或非令人满意现象时，产品用户常因无使用经验、缺乏质量观念、不具备产品安全相关知识、社会未建立产品检验机制或消费者权益意识尚未推广等原因，常见以忽略、迁就、包容、忽视、无感等态度应对，甚或有怪自己不小心、不够聪明、认为自己缺乏产品使用能力等默默承受的心态现象。

然而，在此信息科技高度发达的国际化营销时代，网络信息工具无远弗届的实时传播力，使得一般产品用户对于产品使用体验的分享信息、有经验的购买者对于产品性能与价值之比较意见、特定领域人士对产品特性的专业评价观点、市场竞争者的新产品宣传信息、产业与市场竞争动态报道等信息，均随时经由多元媒体渠道与各式网络传播平台快速、高度透明化地得以搜寻、公开讨论与传播。

多年以来，产品质量与消费者权益意识亦已普遍推广与觉醒，因此，产品若呈现质量不可靠、有安全疑虑、不合理的使用方式、缺乏美感、不具创新特色、与服务系统不健全等因素，势必经不起使用者与市场的考验与竞争。设计与制造各式产品之本质可说是在提供产品用户解决问题的工具或方法，其终极目的在为使用者服务，故而，产品开发与设计应以精准针对使用群体的生理、心理、环境、社会与文化需求为设计思维之核心，转化为合理的产品物理功能、使用方式、造型意象、操作方法之整合表现于整体质量与价值满意度的感受，由此可知，能落实表现人本理念，表现关怀使用者需求与符合于市场潮流与趋势要求的产品特质，未来方能胜出于产品市场的竞争（图2-1）。

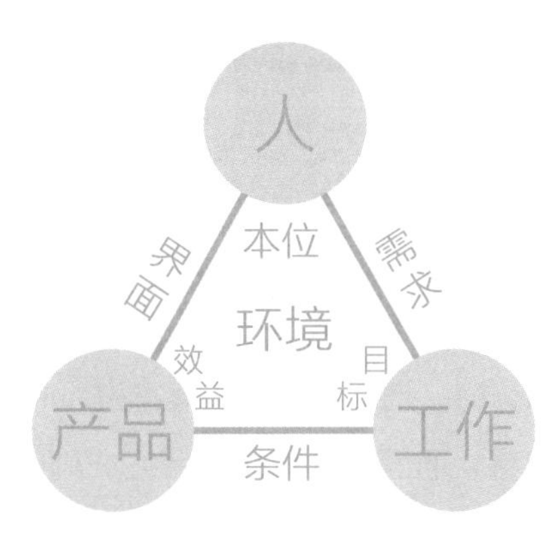

图2-1　以人为本位的关怀设计思维
（图片来源：叶晋利，2008）

2.2　关怀设计之思维因素

工业设计专业实务之特性乃是以人为本位，以问题为核心，以目标为导向，透过一系列不断解决问题的调查与研究、探索与发现、创造新意、机能建构、造型设计与具体化实物制作等过程，去实现解决问题的理想产品成果。虽然创意是设计的核心要素，但产品设计是依据计划性目标与在限制性条件信息下去追求设计的理想成果。

依此推知，能达成产品开发企划所默认产品使用群体的预定设计目标与契合目标群体背景、生活经验、知识水平、生理特性、心理需求与环境条件等用户定位相关信息规范的要求，应是关怀设计的要务，进一步言之，能精确对准预设使用群体的设计思考与达成符合于预设使用群体认知能力与习性、生理能力与限度、产品尺度与形态、操作与互动形式、生活习惯、环境兼容性与适配等基本人机要求条件的产品质量，才可说具有关怀设计的基本质量。

2.3　关怀使用者之需求分析

在以关怀设计为理念的产品开发与设计活动中，产品用户需求研究与分析是必然重要的信息处理工作，往往需透过多元信息渠道与分析方法获取足够所需的设计信息，例如：人性需求分析、生活形态分析、行为观察、用户需求分析、产品使用流程分析、动作分析、产品意象分析、产品定位分析、人事时地物分析、人机工程因素分析、产品用户访谈、使用情境分析、产品满意度调查等皆是可运用的方法。

需求分析的目的在于能收集足够广度与深度之产品用户需求信息，以作为产品开发与设计构想发展的依据。各式需求分析方法因工具先决条件的特性，提供不同的信息效用，其所需动用的人力、物力、成本与时间资源各有差异，其分析结果的信息属性可涉及人体生理条件、人性心理层面、产品使用情境、特定群体意见、相关问题调查、技术规范条件、设计者主观判断或产品使用反馈意见者，其所得信息的属性、精确性、实用度、用途与影响作用亦有所不同，在实务中常视所欲获得的信息用途而选择应用或以数种不同分析方法搭配运用，以达到获得设计工作所需的信息为运用原则。

2.3.1 使用者定位与需求分析

产品开发过程需通过消费者研究、分析、区隔与定位，去发现可发挥使用者关怀的设计机会，以作为新产品概念与构想发展的依据。虽然，产品消费者可进一步区分为产品购买动机启发者、影响产品购买行为者、产品购买者、与产品用户之角色类别，但是，产品用户定位与需求研究工作应是确保产品关怀设计成果是否能合乎产品使用需求与使用满意度的关键因素。

一个企业的产品品牌欲维持其良好品牌形象与为确保产品用户对该品牌的忠诚度，其对产品用户的研究与分析工作便需确实进行调查、研究、分析与预测，方能精准有效地切中用户需求，设计出产品用户对所使用产品物超所值的感受，使产品用户使用产品后能因产品质量、使用效益与价值而感到满足，甚至感动，才能以其良好产品评价与声誉，吸引更多使用者，进而保有其市场地位。

产品之本质与意义在以之作为工具去解决特定问题与需求，而需求分析的类型可分为：迫切/非迫切必要的需求、生理/心理/社会/环境层面的需求、因人因时因地制宜的需求、显在需求/潜在需求、持续性/暂时性之需求、量的需求、匮乏的需求。例如：消费者在产品销售市场想买某特定质量与形象特色的闹钟，在特定环境空间的特定时机利用闹钟，便于知道时间或预设提醒时刻或睡眠时叫醒使用者，其是在通过产品功用解决应用需求，但是，如何能为产品用户带来实际与理想的效益，则须进行以使用者关怀为基础的进一步需求研究。

以使用者关怀为中心的需求分析的核心因素必须包含：用户、产品、使用环境、与产品功用四项关联要素，产品设计师的设计思维概念模式须如诺曼（Norman, D. A.）所述其产品系统概念模式须合乎用户所预期与易接纳的操作概念模式。

新产品开发工作需针对目标进行市场、产品、与用户区隔与定位，锁定目标群体，以用户需求为思考中心，分析其背景特性与需求，研发符合用户需求之产品质量与机能特色，其产品方能获得产品用户的肯定。因为产品的用户需求分析工作涉及多重层面的思考内涵，适当应用辅助思考的分析方法与分析工具，则有助于信息搜集的充分、深入与实效性。

2.3.2 5W1H需求分析

5W1H分析法常作为分析产品用户需求的基本分析工具。此分析法所涉信息属性因具有人、事、时、地、物、因、果的广泛探索向度，故适合作为使用者需求分析之起始工具。若能进行信息的深入探索，分析过程将可避免停留于粗略表层的思考，而发挥此分析方法的工具特性与效用。

5W1H分析法因为提供六种思考层面的广泛探索性，故而，在产品开发进程中常适合作为产品用户需求分析的先期分析工具。在东方文化里，华人遇到问题常会从人、事、时、地、物、因、果等进行相关层面因素的全面思考；而西方文化之思考方式则会从who、what、when、where、why、how六个方面进行整体分析，两种不同文化探索问题的思考方式雷同。

市场专家Kotler，P. 指出：新产品开发是否能决胜于市场，在于是否能在right time与right place导入right product，此right product之意涵即指满足使用者需求与市场需求的产品，因此，产品开发活动对用户—产品—工作（产品功用）—环境因素的使用者需求分析工作进行彻底分析乃是不可忽视的工作，5W1H思考法作为使用者需求的研究工具，其所引导的思考如图2-2所示。

2.3.3 5W1H需求分析要点

5W1H分析法适合作为产品用户定位与需求的先期分析工具，借由使用者需求的探索，解析涉及关怀设

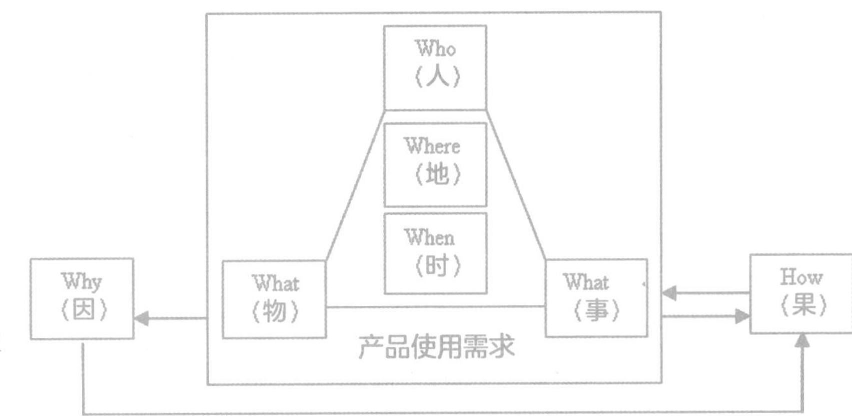

图2-2 5W1H分析法与产品用户需求分析向度之关系图
（图片来源：叶晋利，2008）

计思维与实务应用所需参考、引用与检核的相关信息，以下为5W1H需求分析的要点。

1. Who——以用户为探索核心的信息，即有关人的相关信息。

（1）基本身份背景信息：针对目标群体的种族、国籍、语言、风俗、文化、性别、年龄、教育水平、角色、信仰、社交水平等进行分析，必要时则须透过调查方法、测量工具或文献数据，搜集确切信息或数据。

（2）信念、意识与价值观信息：指影响用户生活行为、产品购置与使用行为的相关心理因素。

（3）用户身心条件信息：生理层面——生理特性、人体尺度、肢体/感官/动作之能力范围与限制性；心理层面——心理需求与年龄阶段需求、心智发展程度、认知与行为模式。

（4）生活与工作形态信息：含目标用户群体之生活、作息与工作形态及身份角色职责特性、工作生活作息模式的信息。

（5）产品使用行为信息：包含产品使用群体审美、偏好、产品使用/操作/动作等行为与习惯的信息。

2. Why——涉及有关问题起因/产品需求/购买/使用/操作/心理感受之所有产生需求与影响行为决策的原因。

（1）问题产生原因：产生产品需求的原始起因。

（2）产品需求原因：因工具效用、心理感受、身心条件、环境因素而产生的需求。

（3）产品选购原因：用户购买产品与否的动机、诱因、决定因素或决策因素。

（4）产品质量因素：使用产品感觉喜欢、满足、满意或感动的原因。

（5）产品价值因素：因产品价值、功能效用与使用效益的吸引力而产生的需求。

3. Where——有关产品环境/空间/情境/外围条件的地域环境因素相关信息。

（1）地理因素：有关特定地域的文化、环境生态、风俗民情、相关法规、政府政策与地域特性等因地理特性而产生需求差异的因素。

（2）环境因素：指产品使用环境物理特性，如：温度、湿度、空气质量的需求。

（3）空间因素：用户置身之空间形态、尺度、形象、情境与活动的需求。

（4）设置因素：产品在特定环境位置设置、使用、操作、收藏的需求因素。

（5）外围因素：产品外围相关系统设施或对象的考虑因素。

4. When——产品使用时间、时机、时段、时距与当下情境的相关信息。

（1）产品使用时段：白天、晚上或深夜等不同时段的需求。

（2）产品使用时机：工作、旅途、夜眠等不同使用时机的情境需求。

（3）产品使用流程：产品使用前、进入使用状态时与使用后可能产生的需求。

（4）产品操作时程：从产品操作的行为与动作研究所发现问题与需求。

（5）产品操作当下：接触与操作产品当下心理感受、问题、现象、互动的需求。

5. What——有关产品内涵条件与产品使用需求的信息。

（1）产品需求目的：产品存在的目的与本质。

（2）产品组成条件：为获得产品良好使用性所需硬件组件与软件等需求条件。

（3）产品外观需求：合乎目标用户需求的产品形态、造型、色彩、材质信息。

（4）产品功能效用：产品功能与使用效果对于解决问题与需求的程度。

（5）产品效益价值：整体产品质量、效益、形象、价值的需求。

6. How——本分析提供两种层面的思考内涵，包含：了解用户如何使用产品的行为现象与需求，及为达到解决问题与满足使用者需求的可行解决方案分析，即行为现象与需求与可行解决方法与方案的分析。

（1）产品机能的可行方案：产品机能、运作与组成方式的分析。

（2）产品形态与造型方案：合乎需求与可行之产品形态、造型、材料、质感分析。

（3）产品设置与使用方案：操控接口使用需求分析。

（4）产品操作与控制方案：合乎理想的产品操作控制与接口形式分析。

（5）可资应用的科技方案：可采用的新科技/技术/材料/方法。

以系统分析与管理概念，针对运用5W1H分析法解构产品使用需求的信息内涵、程序与运用方法，其中诸信息纲目与信息要素的设定，则需依设计实务工作的产品类型、工作要求与分析者经验去作决策，其探索思考效率与信息产出成果，则受分析者的实务经验及分析能力影响。

2.4 关怀设计的产品质量条件

产品形式、使用效应与互动感受是关怀设计理念在产品质量的三个表现层面，关怀设计需针对使用群体的认知、感觉、知觉、尺度、习惯、经验、心理与环境特性，精准设计出可接受、易学、易用、高效率、舒适、安全性与用户接纳的合理质量条件，表现于产品使用的外显形态、操控与使用方式与产品互动的感受效应上。

一般产品的使用方式通常藉由使用者肢体的动作与触觉去操作与控制产品的机能操控接口，产品使用过程通过视觉与听觉为人机互动的信息传递渠道，以使产品机能的运作能顺畅地达成预定的功能与使用效果；关怀设计的产品质量条件主要需追求使用群体身心条件所适合使用的产品物理质量、使用感受与心理效应。因此，以下有关用户视觉、听觉、肢体动作与触觉感知的质量条件是落实关怀设计理念具体实现的评价依据。

2.4.1 产品使用质量的建构

用户在使用产品的过程才真正产生人机互动，具有良好设计的人机接口质量，可提供安全与有效率的人机互动性。良好的产品视觉质量是关怀设计的首要条件，其需考虑产品使用群体身心条件所能接收的视觉认识性、匹配性与群体偏好，应用视觉造型元素的适当形状、大小、色彩与文字等设计观念与完形心理的造型法则，整合设计成具有适当易见性（Visibility）、易辨识性（Legibility）与易理解性（Meaningfulness）的视觉特征，提供视觉接口的基本条件；产品接口组件的安排与设计需思考其重要性、使用频率、功能特性、使用顺序、主从性、交互作用与兼容关系，使产品机能的操控与互动性具有合于产品使用群体的合理接口形式、反应速度（如人机互动的信息显示）、准确性（如操作按钮的定位精准性）与敏感性（如操作控制器使机构产生动作的响应性），并呈现合乎预期操控反馈形式与质量、具可靠质量的安全系数与意外防御设计、低心智负荷与体力消耗、合理操作流程与方法、合乎用户使用习惯与动作方式、维护与保养的方便性、产品清洁与卫生、持续使用的舒适性、适当施力方式与力度、环境与外围相关系统的兼容与调和性、产品亲和性与情感性、高质量与高价值的创新形象。

2.4.2 产品质量的评估

产品质量是否适合用户使用，可通过科学方法与检测工具进行产品质量条件、用户生理条件与心理反应的测量、产品效应检视与评估，可利用的检验方法包含如下类别与要点：

1. 物理法：有关尺寸、角度、高度、重量、作业面、空间等因素的测量与评估。

2. 化学法：血液、尿液、耗氧量、氧恢复曲线等因素的检测与评估。

3. 电学法：脑波图、心电图、肌电图、眼动仪、肤电仪等因素的检测与评估。

4. 生理法：血压、心率、脉象、体温、呼吸、疲劳等的测量与评估。

5. 效应法：产品操作与接口互动流畅性、反应性、失误性、舒适性、主观感受等的测量与评估。

2.5 结语

需求信息要素、产品质量条件的评估进行实际应用时，需注意以下应用原则，以确保所需信息的周全性与效用性。

1. 信息的周全性：信息广度应经重复检验、补充与修正，使足够实际所需。

2. 信息的可用性：质性信息的描述需足够深入并具实质意义，量化数据信息则应达到可用性。

3. 信息的正确性：信息需经相关调查研究或统计分析方法确认其信度与效度。

4. 应用辅助工具：特定信息要素需视应用需要与属性，进一步搭配适当的调查、分析与评量工具或方法，以获得正确与客观的质性解释或量化数据。（本章作者为叶晋利[①]。）

---

① 叶晋利，曾任台湾华梵大学工业设计学系副教授，英国曼彻斯特都会大学工业设计硕士，专研产品开发与设计管理，具有丰富的产品设计项目实践经验。

第3章

高龄社会与关怀设计

因为高龄社会的来临，关怀设计——福祉设计与健康照护产品设计领域在中国台湾与中国大陆开始受到重视，两岸的设计相关学者在关怀设计领域的研究都有不错的成果，针对地区性的差异各有基础研究的发展。在实务运用上，中国台湾长庚大学工业设计学系与长庚医疗体系与照护机构，多年来持续完成许多关怀设计的合作成果；中国大陆清华大学美术学院副院长赵超教授，兼任健康医疗产业创新设计研究所主任，在他领军下的教师与研究生团队，也完成许多产业委托的医疗科技创新产品。整体来说，在关怀设计产业发展远景与规模，中国大陆是胜过台湾的。

全球高龄化最严重的日本，企业运用“通用设计”理念来设计适合高龄者的产品，此类产品不但关怀了高龄者的需求，也适合一般人使用，让通用设计的产品没有贴上任何标签，这是两岸的企业可以学习发展的。高龄社会下需要有更多企业，投入发展关怀设计的品牌，这样就能鼓励优秀设计师投入，让发展关怀设计的企业成为未来新兴的产业。

3.1 福祉设计与产品设计

高龄社会主要聚焦于老年福祉设计，设计学者林振阳在《高龄者认知适应性设计》一书中提到，高龄者福祉以高龄者生活中的生活用品、室内、外部环境，考虑高龄者身心机能退化因素，提供安全性、舒适性、方便性、通用性、坚固性的考虑；他还提出高龄者在养护医疗方面，必须满足高龄者在食、衣、住、行、旅游、交通、辅具的需求。本小节以满足高龄者与照顾者的需求上，提出适合高龄者与照顾者的产品设计。

3.1.1 居家鼻胃管灌食照护器

居家鼻胃管灌饮食照护器是张晋玮针对高龄者需要使用鼻胃管进食的居家照护所做的设计。由于许多高龄卧床者失去经由嘴巴将食物咀嚼后吞咽的功能，因此每餐食物需要由照护者以流质饮食经由鼻胃管灌食，在这过程中灌食器具必须消毒杀菌、流质食物必须保温，以使病患的用餐能达到卫生且舒适的状况。

张晋玮在送餐的器具上主张以木制托盘来运送餐点，将鼻胃管灌食器具所需的保温、高温杀菌功能整合在木制托盘上，让高龄者在以鼻胃管用餐的过程中，免除传统以不锈钢制托盘盛放食物与器具所造成的冰冷医疗印象，让灌食过程的视觉上有享用丰盛餐点的感受，可以提升高龄者用餐的食欲。居家鼻胃管灌食照护器以小家电的概念，整合鼻胃管灌食过程中所需的保温、高温杀菌的需求，并将产品设定为厨房与卧房间可移动的设计，提供照顾者由准备食物到喂食过程的完整所需。图3-1所示右边为灌食针筒摆放位置，中间为流质食物与温开水容器加热区，左边为容器与针筒蒸气杀菌空间。

居家鼻胃管灌食照护器的使用过程如下：首先由照护者在厨房准备流质食物，并加热后冷却到人体可以接受的温度，将流质食物倒入中间后方较高容器中，前方容器则装入温开水；接着由照护者将居家鼻胃管灌饮食

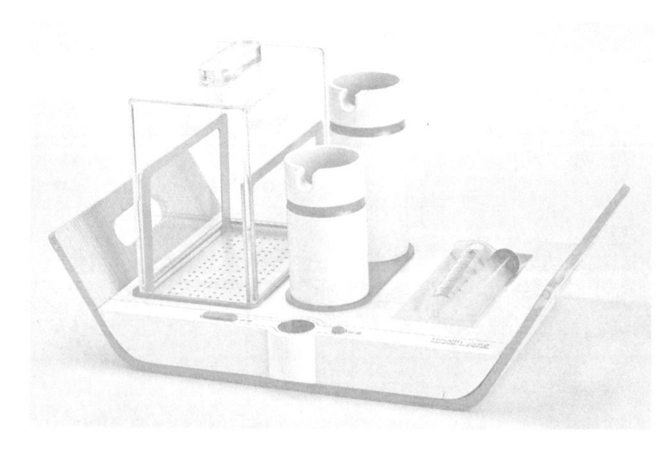

图3-1 居家鼻胃管灌食照护器
（图片来源：张晋玮 提供）

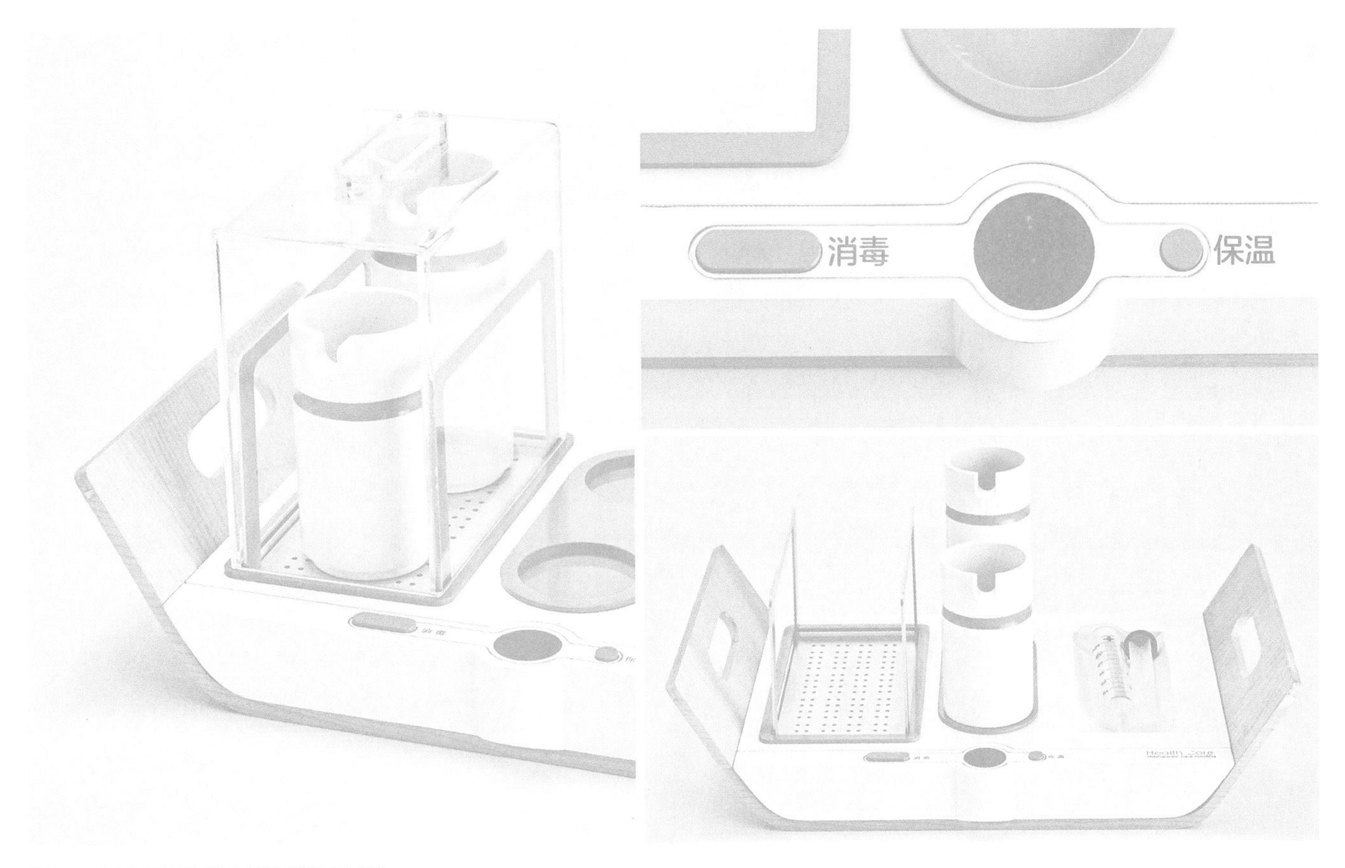

图3-2 居家鼻胃管灌食照护器细部设计
（图片来源：张晋玮 提供）

照护器拿到高龄患者的卧室中，插上电源启动保温设定，调整适合患者灌食的温度；其次将针筒连接上鼻胃管，倒入流质食物，将针筒推进端放入针筒中并加压灌食，依序将流质食物输送完毕，以温开水重复上述过程将鼻胃管冲洗干净；最后将居家鼻胃管灌食照护器送回厨房清理容器与针筒，并进行高温蒸汽杀菌。居家鼻胃管灌食照护器的细部设计请参考图3-2，左图为高温蒸气杀菌状态，右图上为操作消毒与保温的按键，右图下为消毒后准备操作灌食程序。

3.1.2 银发族远程视频烹饪系统

独居高龄者由于子女无法在身旁陪伴，经常独自一人用餐，与他人互动少，心理上可能会较不健康。用餐是国人很重视的一个生活细节，通过一起分享食物，人们得以聊天，互吐心声，这是一种重要的社会功能。

马运祥发现，如果用餐时可以和居住在不同城市的朋友，透过视频方式分享烹煮食物与享用美食的过程可以增进人的语言沟通能力，防止衰老。同样的，子女也可以运用此方式关怀父母用餐情形与健康状态，让独居高龄者可以获得心灵上的安抚，子女也可以弥补无法奉养双亲的遗憾。马运祥设计银发族远程视频烹饪系统的主要概念是：运用云端智能以视频方式结合简易烹煮调理系统提供高龄者与远程亲友吃饭聊天的机会。

如图3-3银发族远程视讯烹饪系统所示，机器左边为切菜整理区，中间为烹饪调理区，配有排烟装置、摄影镜头与视频区，右边为调味品放置区。如图3-4中所示，中间排烟装置左右两侧各设计成可以调整角度的镜头，提供烹调过程中用户的操作位置的捕捉拍摄。

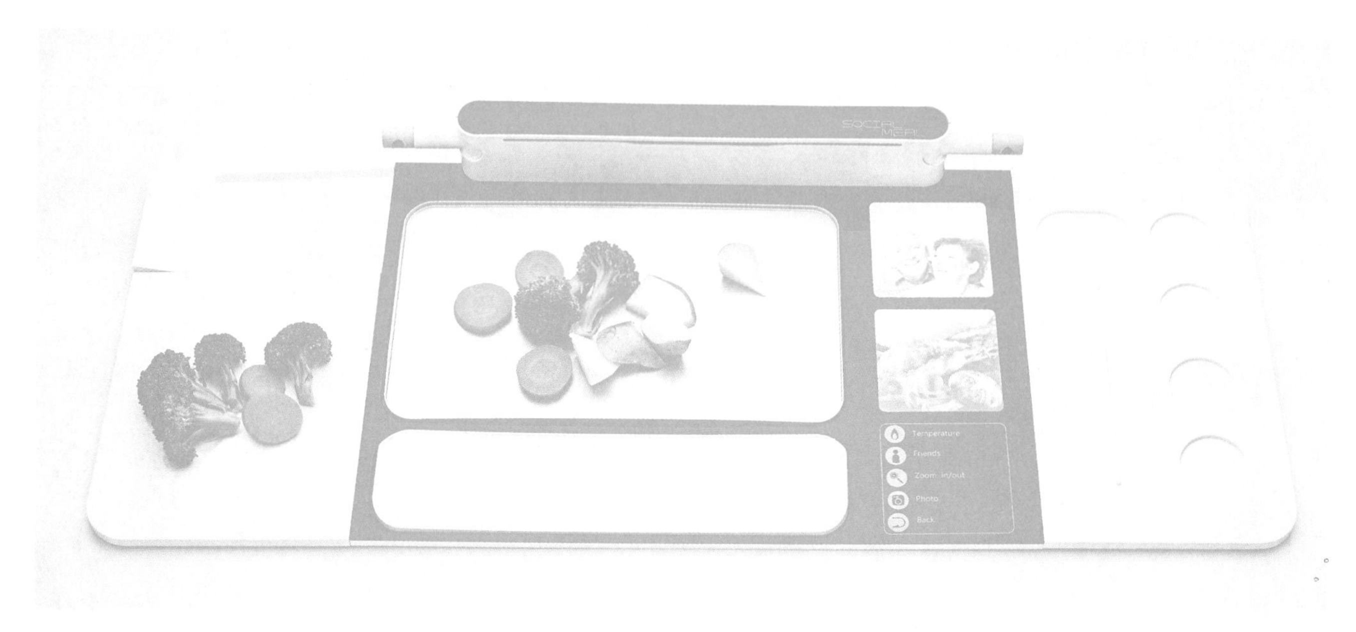

图3-3 银发族远程视频烹饪系统设计
（图片来源：马运祥 提供）

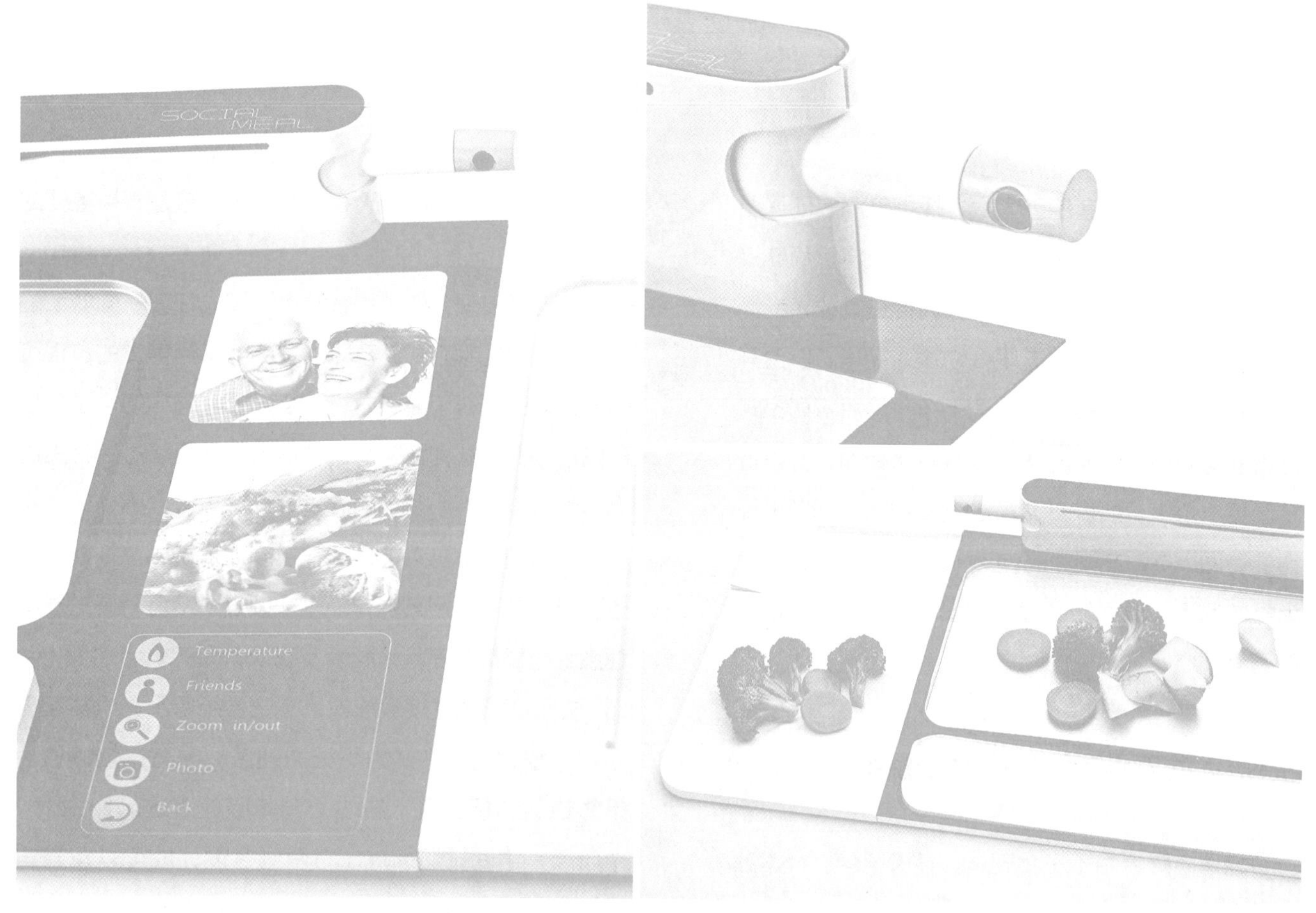

图3-4 银发族远程视频烹饪系统细部设计
（图片来源：马运祥 提供）

3.1.3 假牙清洁消毒机

随着年龄的增长，高龄者佩戴假牙的机会也增加了，除了提供咀嚼食物的功能外，假牙还有弥补口腔因失去牙齿导致脸部下凹缺陷的功能，因此，除了睡觉外，假牙需要整天佩戴，所以假牙的清洁十分重要。洪一如观察高龄者清洁假牙的过程，发现有效清洁假牙需要固定的流程与步骤，这不是高龄者能够简单操作的工作，因此她将假牙清洗刷、清洁锭、超声波振荡器与蓝光杀菌等工具整合，设计出一款假牙清洁消毒机设计（图3-5），帮助高龄者有效地保养与清洁假牙。

图3-5 假牙清洁消毒机设计
（图片来源：洪一如 提供）

如图3-6所示，假牙清洁消毒机有超音波清洁槽、清洁锭收纳槽、清洁器具与紫外线消毒槽。假牙清洁消毒机操作过程如下：①使用者晚上就寝前将假牙取下。②用牙刷与齿间刷清洁假牙。③将假牙放入保

图3-6 假牙清洁消毒机细部设计
（图片来源：洪一如 提供）

养盒中。④放入清洁锭。⑤启动清洁消毒开关，10分钟后完成清洁消毒程序。⑥将保养盒取出放置于床边桌上，使用者起床后即可佩戴假牙。

3.1.4 自动胰岛素注射器

患糖尿病的高龄者随着年龄增长，注射胰岛素的时段也随之增多。由于每次注射的部位不能相同，高龄者要记忆上次施打部位并不容易，而且手持注射器操作的稳定度每况愈下。孙曼婷观察家中长辈使用胰岛素注射的情形，并询问医护人员关于胰岛素注射的相关知识，提出运用智能机器手臂来协助高龄者有效地注射胰岛素。如图3-7所示自动胰岛素注射器注射患者手臂的示意情形。

如图3-8所示自动胰岛素注射器细部设计，主要以坐垫为主体，机器手臂可以环绕坐垫轨道移动与弯曲，最上端为胰岛素注射器。自动胰岛素注射器可以搬运到任何适合坐姿高度的家具上。图3-9为操作程序图，高龄者操作时先装好胰岛素针剂，启动电源，输入使用者，坐好定位，机器手臂开始侦测用户位置，接着找出适当注射位置进行注射胰岛素，退出针剂，关闭电源。

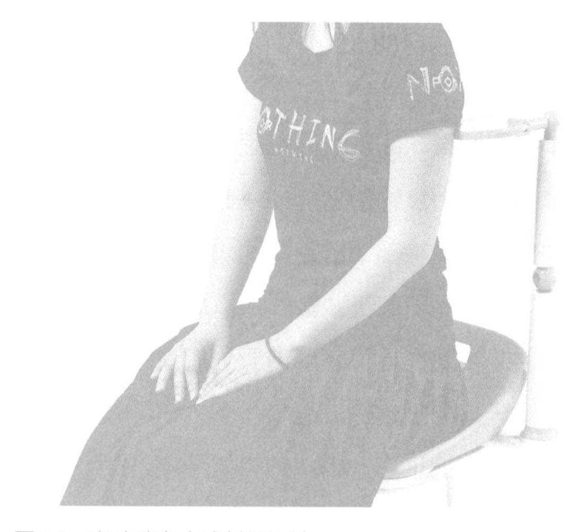

图3-7 自动胰岛素注射器设计
（图片来源：孙曼婷 提供）

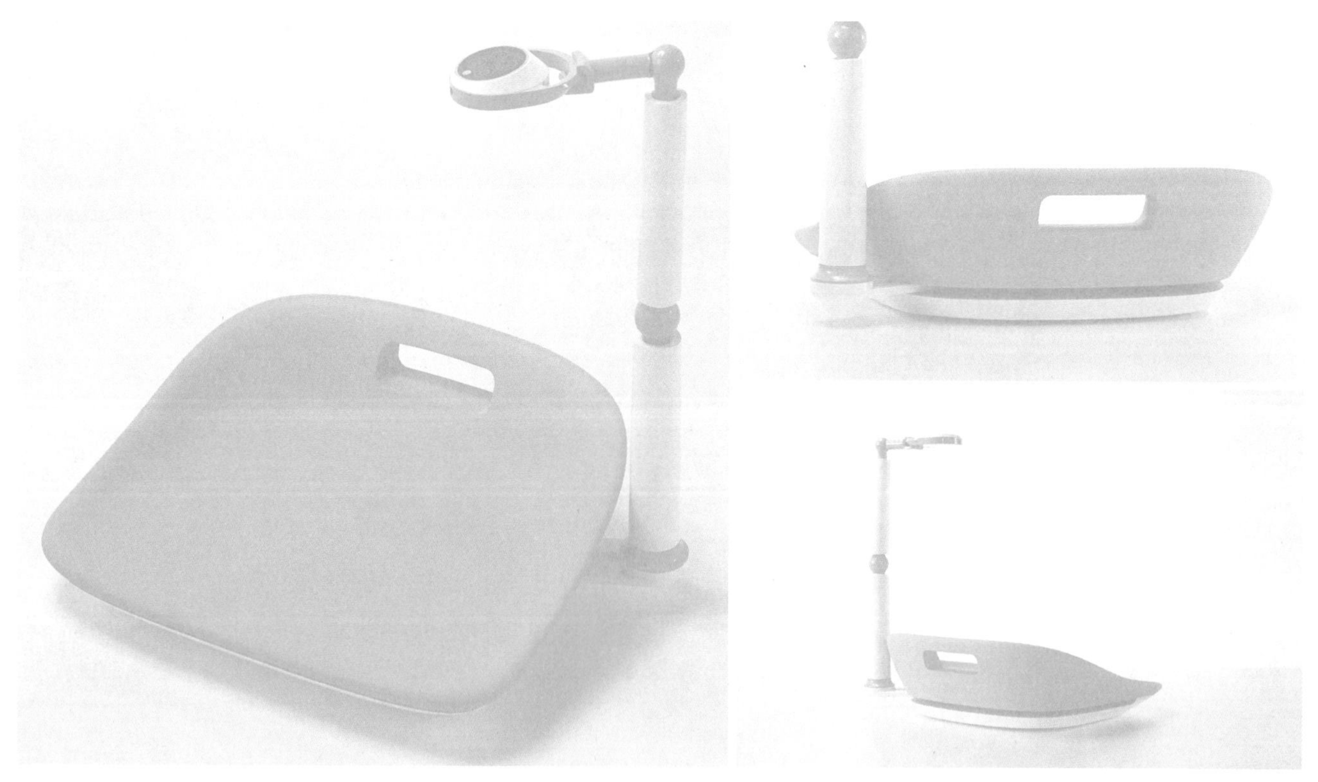

图3-8 自动胰岛素注射器摆设不同角度
（图片来源：孙曼婷 提供）

操作说明

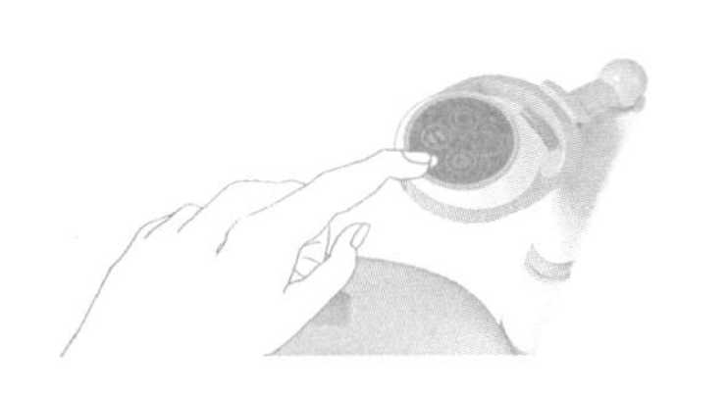

1.打开电源，并登陆，再坐上坐垫。按下开始键。

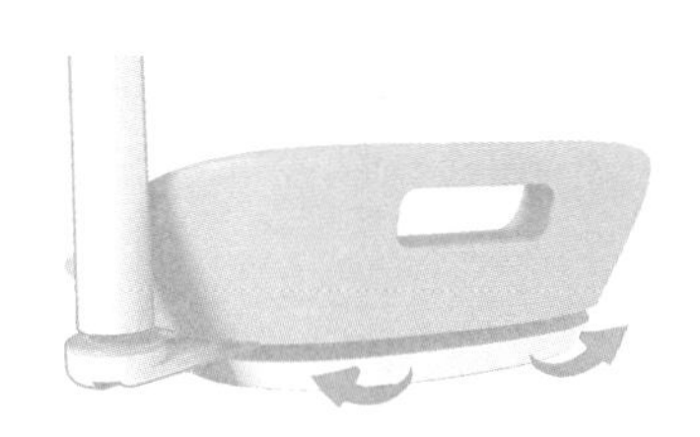

2.底部横杆移动

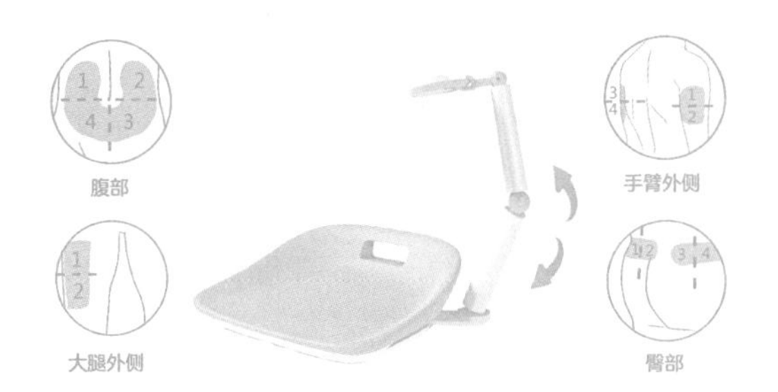

3.开节移动，自动定位系统会侦测，确认位置进行注射（吸附位置）。初次使用需扫描各个注射部位，作为记录点，此次之后机器将自动移到该注射部位。

携带式使用

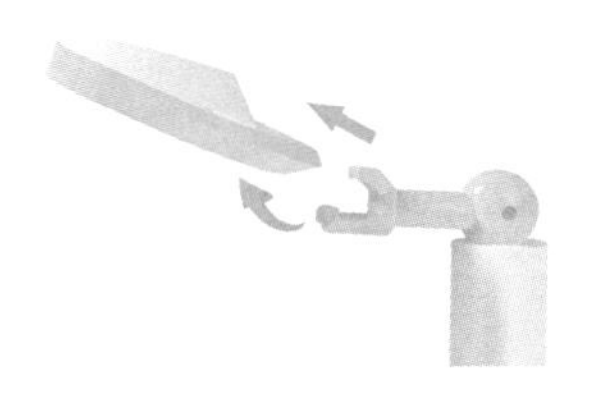

更换针头

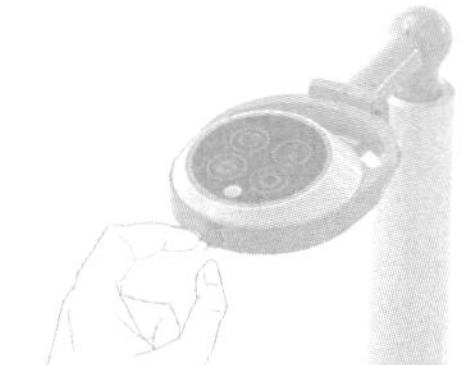

图3-9 自动胰岛素注射器操作说明
（图片来源：孙曼婷 提供）

3.1.5 病人翻身辅具

高龄者如果长时间居家卧床，需要有专人照顾，每隔一段时间就需要翻身按摩背部肌肉，防止褥疮产生。在少子化的年代，生育率低，由子女负责双亲照顾，人力特别不足，医疗看护也不容易聘雇，因此，黄馨仪认为运用智能机器手臂可以协助照顾人力不足，也可以节省照顾者的体力，因此提出病人翻身辅具概念。如图3-10所示病人翻身辅具设置于病床头上，有镜头可以监控病人情况，照顾者可以直接利用触控屏幕上软件连接上手机App，及时掌握最新动态。

如图3-11所示固定于病床上的病人翻身辅具，可以由照顾者操作手臂进行高龄病患翻身动作，还可以协助复健，增加身体活动量。

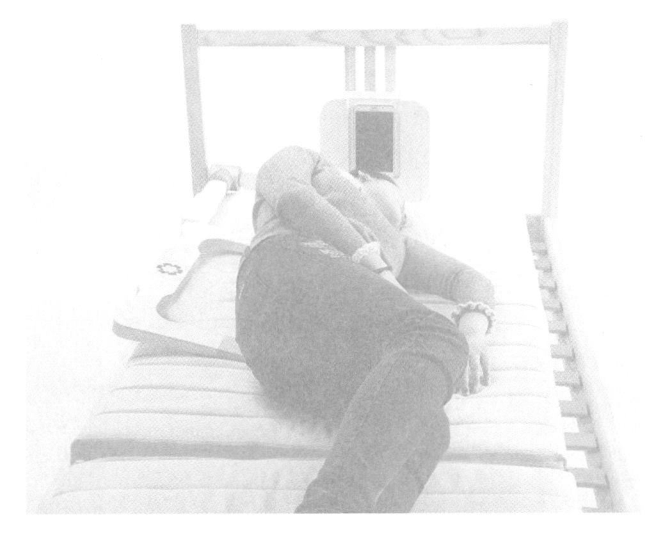

图3-10 病人翻身辅具设计
（图片来源：黄馨仪 提供）

3.1.6 更衣机器人

高龄者如果下肢无力支撑身体就会长期卧床，穿脱衣服的能力也会减低，尤其是穿裤子的动作需要移动大部分身体部位，让高龄者因为无法自行穿衣产生自信心不足的现象。陈沛希认为以智能机器人（图3-12）结合手机App，可以协助高龄者穿脱衣服，还可以协助在家中空间移动。如图3-13所示更衣机器人的头部撑起高龄者身体的方式，让骨盆离开座椅，穿脱裤子更加容易，同样的可以以坐姿向前举双手，更衣机器人就能顺利协助高龄者穿上衣服。

图3-11 病人翻身辅具翻身手臂移动情形
（图片来源：黄馨仪 提供）

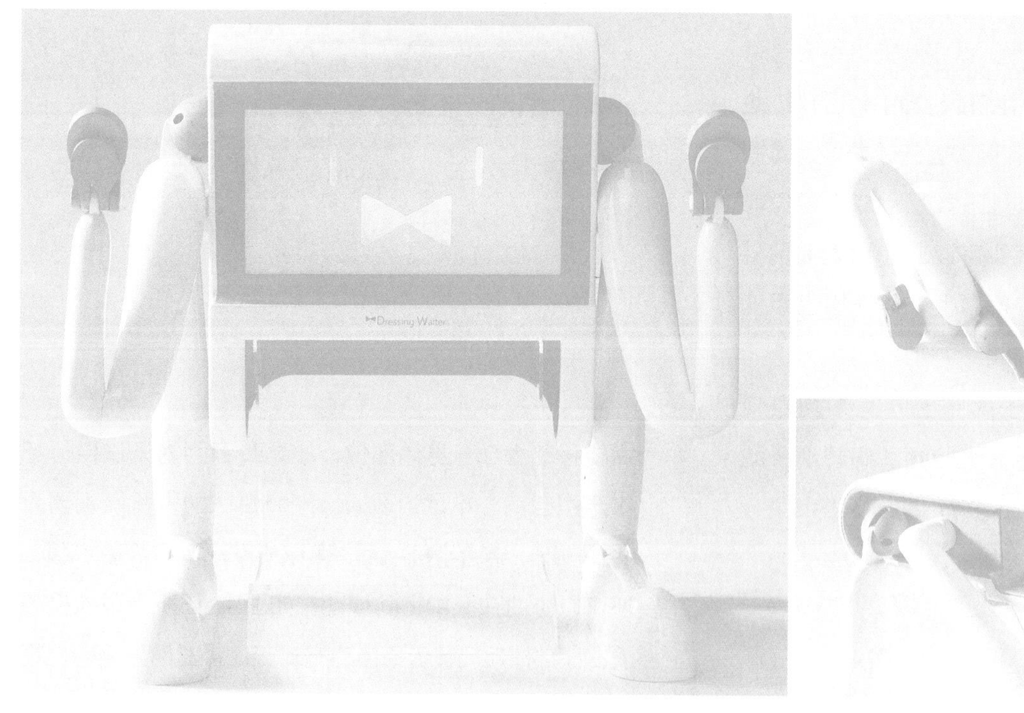

图3-12 更衣机器人设计

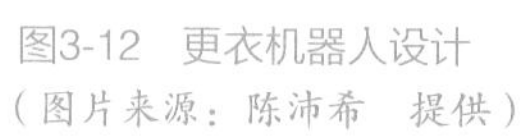
（图片来源：陈沛希 提供）

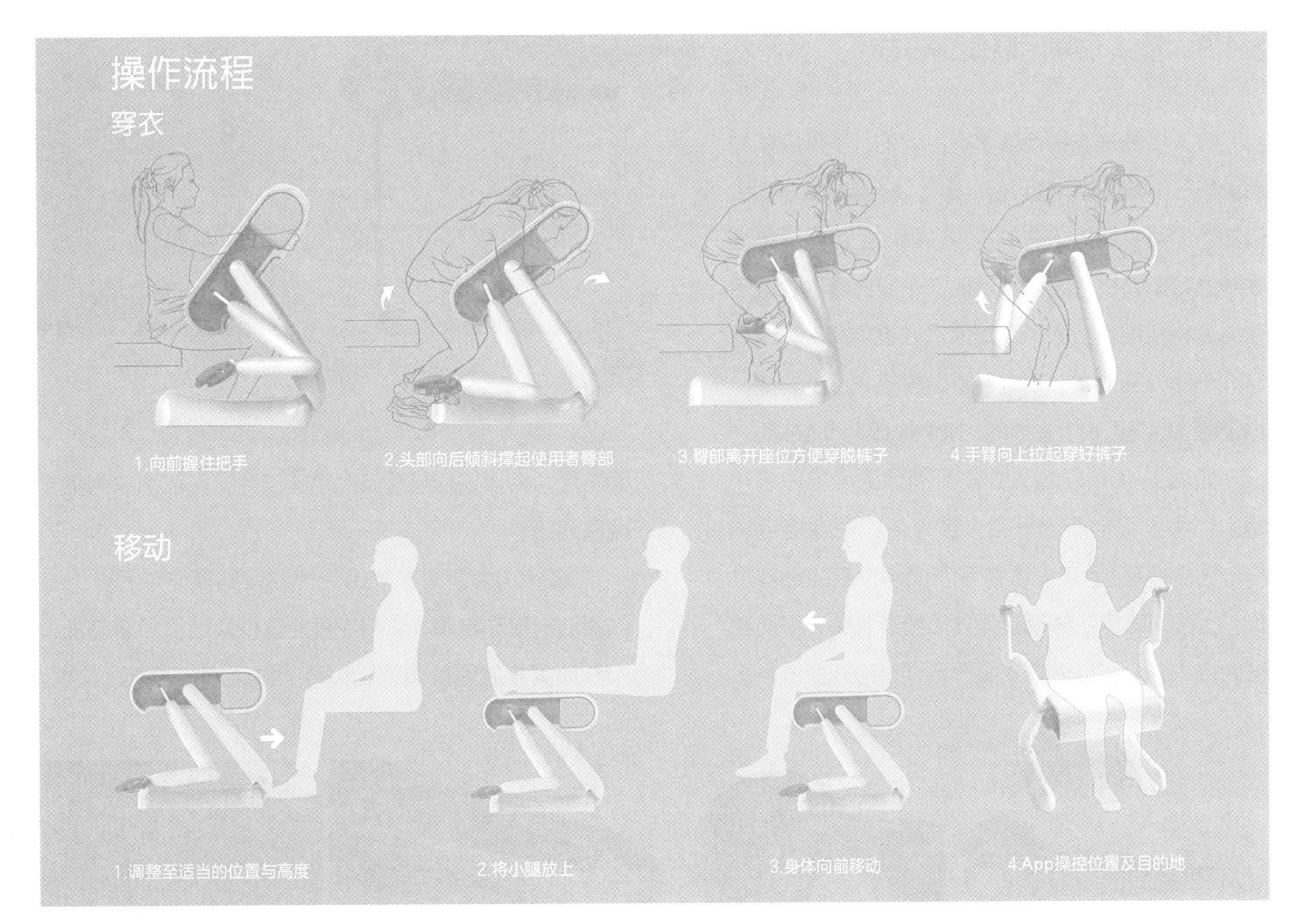

图3-13 更衣机器人穿裤动作与协助移动说明
（图片来源：陈沛希 提供）

3.1.7 鞋带固定器

系鞋带是一项相当精细的手部动作，具有从小练习才能学会如何系好鞋带，虽然鞋子运用鞋带固定足部不是唯一的方法，但是鞋带还是目前最普及的鞋子固定方式，对于足部的舒适度与运动协调还是有很好的效果。高龄者手部协调能力已经退化且无法进行如此精细动作，因此，杜月萌与陈雨茜提出运用文件袋上绳子以“八”字形固定的方式，设计一款鞋带固定器让高龄者可以执行简单手部运作，以缠绕方式来固定鞋带（图3-14）。

图3-15左边为传统固定方式，右边鞋带固定器操作程序。鞋带固定器提供给高龄者简单的系鞋带方式，获得2015年红点概念设计奖。

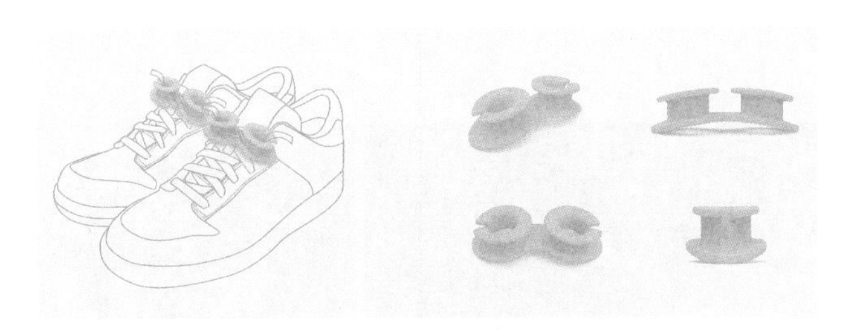

图3-14 鞋带固定器
（图片来源：杜月萌、陈雨茜 提供）

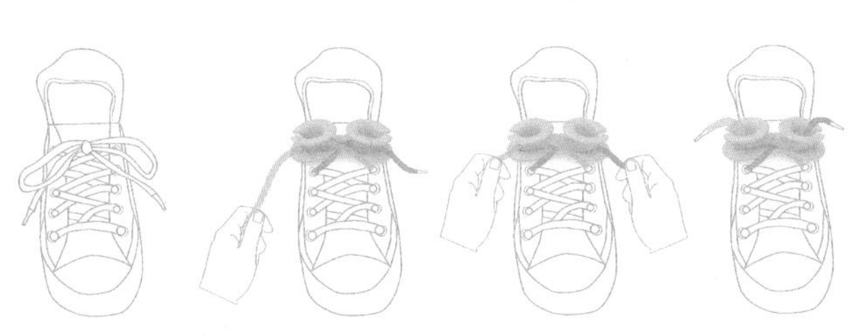

图3-15 左边为传统固定方式，右边为鞋带固定器操作程序
（图片来源：杜月萌、陈雨茜 提供）

3.1.8 盲人衣物污渍侦测设施

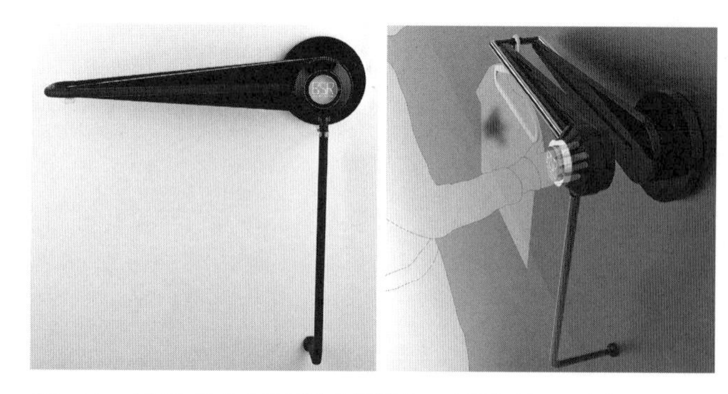

图3-16 左图为盲人衣物污渍侦测设施，右图为使用示意图
（图片来源：罗唯 提供）

盲人要处理衣物污渍是有困难的，虽然衣服的色彩与布料类型可以通过出厂标签以点字方式辨认，以颜色分类方式丢进洗衣机中，再加上适当分量洗衣剂是可以有机会清洗掉污渍。一般人清洗衣服污渍会先将污剂喷上去，再放入洗衣机中清洗，这是盲人无法办到的事。罗唯希望以扫描衣服的方式，标定污渍范围再喷上去渍剂，来协助盲人清洁衣服。

如图3-16所示盲人衣物污渍侦测设施固定于墙上，将衣服挂于侧杆上，盲人依据语音提示操作。图3-17显示盲人衣物污渍侦测设施的细部设计，上图中草绿色透明罐为去污渍兼开关，下面左图为挂衣杆，可以依据衣服厚薄调整挂杆宽度，下面右图为污渍扫描与清洁剂喷头设计，可依照衣物宽度调整间距。

图3-18为盲人衣物污渍侦测设施操作过程：①装入清洁剂启动电源；②将衣服挂置铁架定点；③夹紧衣架并侦测衣服厚度调整距离；④铁架旋转至90°位置；

图3-17 盲人衣物污渍侦测设施细部设计
（图片来源：罗唯 提供）

图3-18 盲人衣物污渍侦测设施的操作说明
（图片来源：罗唯 提供）

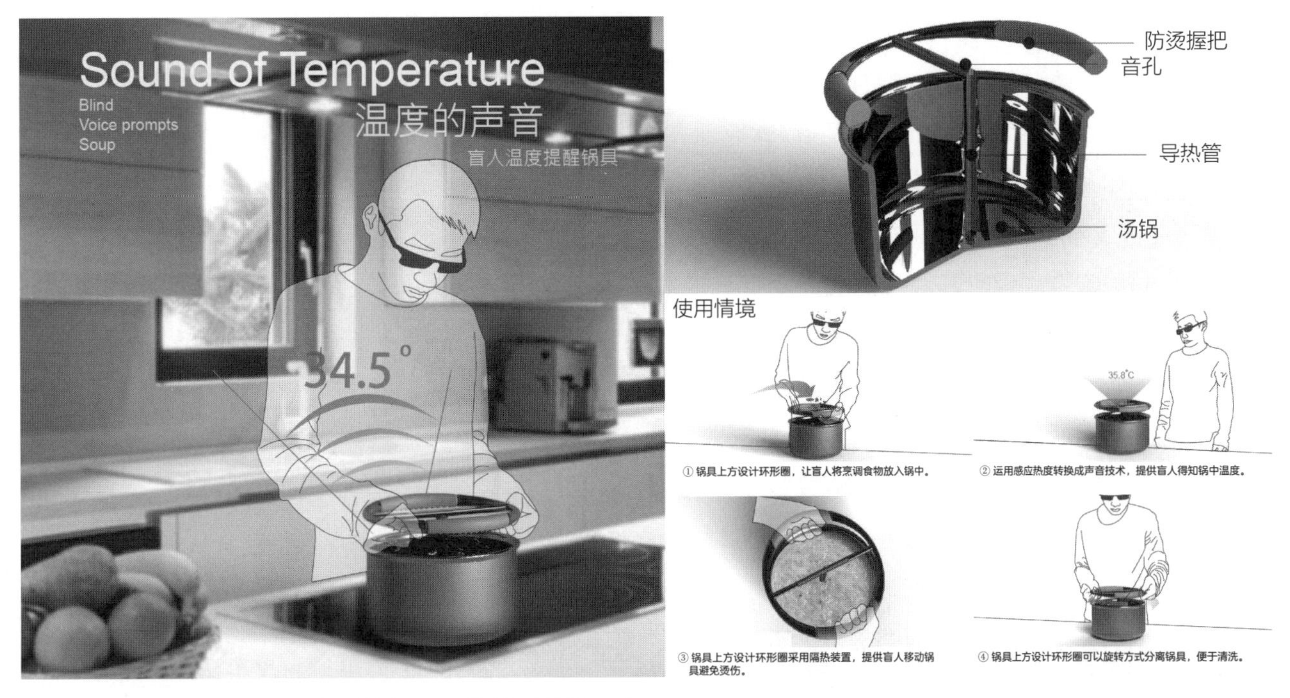

图3-19　为盲人温度提醒锅具设计，获得2014 IF学生概念设计300强
（图片来源：罗唯　提供）

⑤旋转轴将顺时针自动扫描；⑥扫描位置依每90°播报，同时喷洒去污剂；⑦旋转轴归位并以语音总结扫描结果。

3.1.9　盲人温度提醒锅具

盲人在厨房中烹煮食物，是无法以视力方式辨认水煮温度，因此，何时可以放置食物到锅中，是盲人急需获得的信息。罗唯提出以温度传感器连接语音播报的方式，让盲人可以明了目前锅中水温，加上以一圆盘扶手装置，标示锅具的范围，让食材可以正确地投入锅中烹煮。图3-19为盲人温度提醒锅具参加2014 IF学生概念设计，入围前300强。

3.2　健康照护与产品设计

本章节的健康照护产品，用户对象多元，有些产品可以服务的对象较广泛，有些只能针对特殊族群。以一般企业的观点，这些少数族群用户，产品开发成本较高不符合经济效益，这些是需要设计师进行关怀设计的对象。

3.2.1　居家膝部复健器

居家膝部复健器是陈怡汝针对膝部手术后期复健的患者，提出运用膝部复健器以云端技术联结复健治疗师，让患者可以居家进行复健治疗的概念。其主要设计核心概念是由医院提供可租借的膝部复健器，节省患者往返医院的时间与陪伴到院治疗的人力。当患者居家进行膝部复健时，膝部活动数据可同步上传到医院云端复健平台，让复健治疗师可以实时评估复建疗效并修正复健处方。

膝盖功能的退化，是需要进行长期不间断的复健，复健疗程分为初期、中期及后期，复健初期需要经由复健治疗师的陪同进行，而中后期的复健是可以经由复健治疗师指示自行在家中进行复健。由于膝盖复健器材都是医院设备等级，所以患者还是需要到医院进行复健，因为患者行动不便，更需要家人陪伴到医院，所以人力、时间的社会医疗成本是无形的负担。

设计师认为如果能将复健器材轻量化，保持原有的复健功能，或缩小体积与家庭中的家具做结合，将复健器材居家化，不但可以增加患者的复健意愿并可节省往返医院的人力、时间成本。让患者能够带着轻松的心情复健，并辅以简单易懂的操作方式，以及方便移动搬运的机动性是膝部复健器的主要设计目的。另外，让患者拥有安全感也是很重要的设计重点，此产品连接医院复健平台，让复健治疗师监控患者复健过程与结果，可以避免错误的操作程序，且记录患者复健的情况，可提供医师与患者随时掌握复健进度与成果，并能适时提供复健修正达到事半功倍的效果。

陈怡汝采用单脚交互复健方式，同时舍弃一般复健器供座椅想法，将膝部复健器小型轻量化，尺寸适合小轿车行李箱大小。患者由医院租借回家，结合适当高度的家居座椅即可进行复建工作。如图3-20所示膝部复健器由L形的主体构成，具有稳定放置与手把的功能、触控式操作显示器、脚掌与小腿固定器、“L”形体底部前方设计一个轮子，提供产品的可移动性。图3-21模拟患者操作膝部复健器的情形。

膝部复健器设计特点如图3-22所示，编号1图显示膝部复健器有轮子设计，可以轻松移动到任何活动空间。编号2图为脚踏板上有止滑垫与脚后跟凸起定位设计，并有小腿接触软垫，提供患者脚部与小腿的支撑与固定。编号3图为触控式操作显示器，提供复健操作信息。

膝部复健器触控式操作显示器如图3-23中所示，左边选项为复健时患者小腿所承受的重量、复健的时间长短或踢腿来回次数；右边为患者操作记录与开始键；中间绿色数字为时间，上方为来回次数。

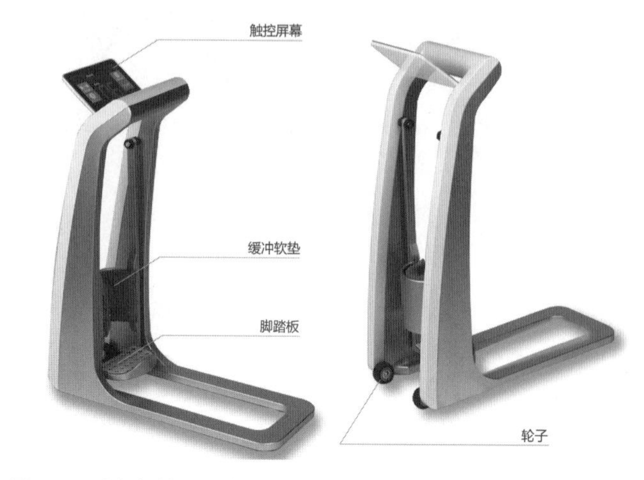

图3-20 膝部复健器构造说明
（图片来源：陈怡汝 提供）

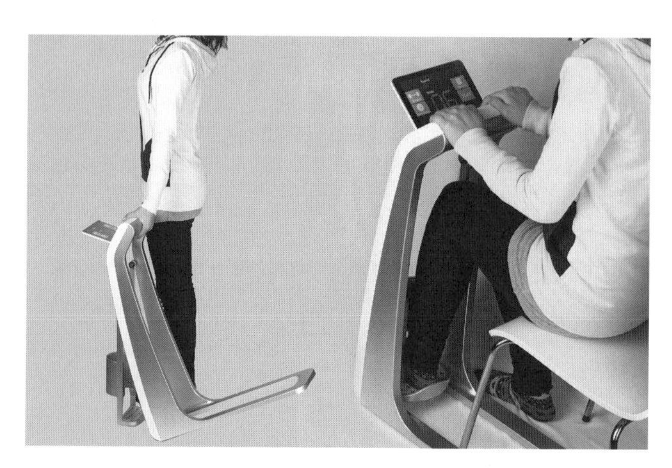

图3-21 膝部复健器原型与操作模拟
（图片来源：陈怡汝 提供）

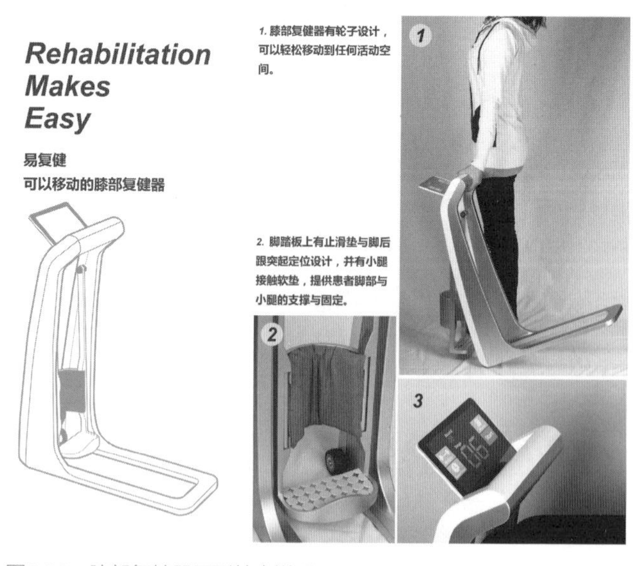

图3-22 膝部复健器原型特点说明
（图片来源：陈怡汝 提供）

图3-23　膝部复健器触控式操作显示器
（图片来源：陈怡汝　提供）

触摸屏可以设定复健模式并记录复健活动数据。膝部复健器借由蓝牙传送数据到病人智能型手机App上，并同步回传到云端复健平台，让医生可以实时评估复健疗效（图3-24）。

膝部复健器操作步骤如图3-25：①将膝部复健器拖行至适合复健活动的空间；②依据复健医师的处方，设定复健模式；③患者将脚放置于脚踏板上，然后使小腿靠上软垫；④患者将脚往上抬起，进行前后往复运动，以强化大腿肌肉。如图3-26所示膝部复健器以创新设计服务思维，获得2015红点概念设计奖“The Third Age”最佳设计奖。

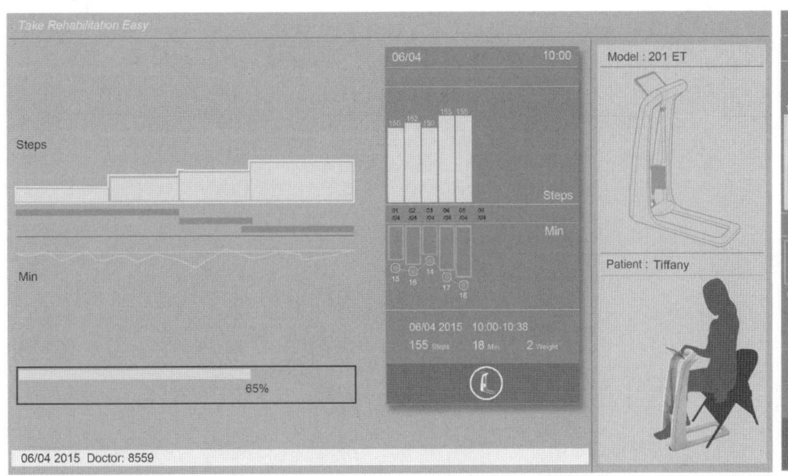

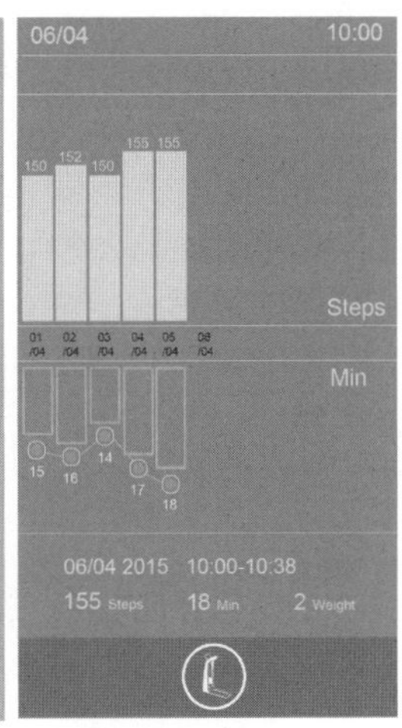

图3-24　医院复健平台与患者手机App
（图片来源：陈怡汝　提供）

膝部复健器由蓝牙传送数据到病人智能型手机 App 上，并同步回传到云端复健平台，让医生可以实时评估复健疗效。

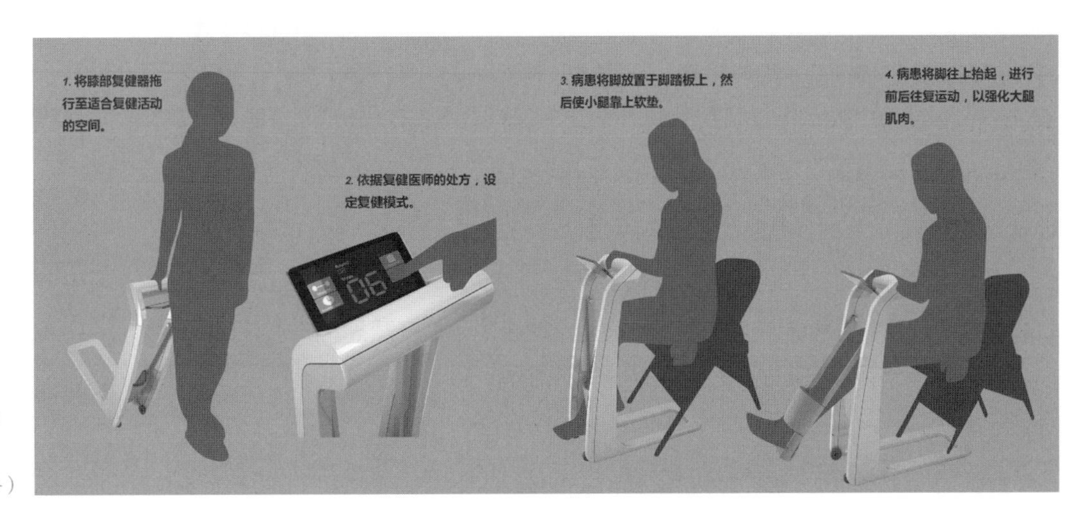

图3-25　膝部复健器操作步骤
（图片来源：陈怡汝　提供）

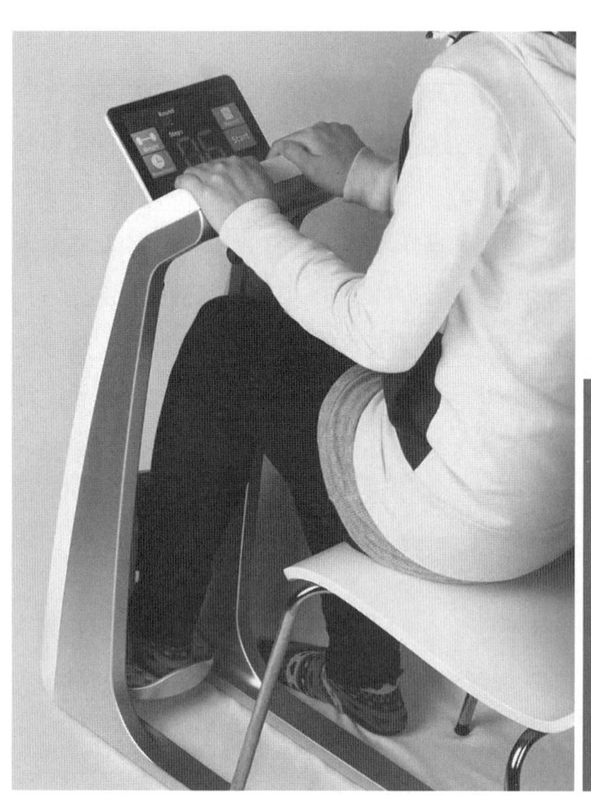

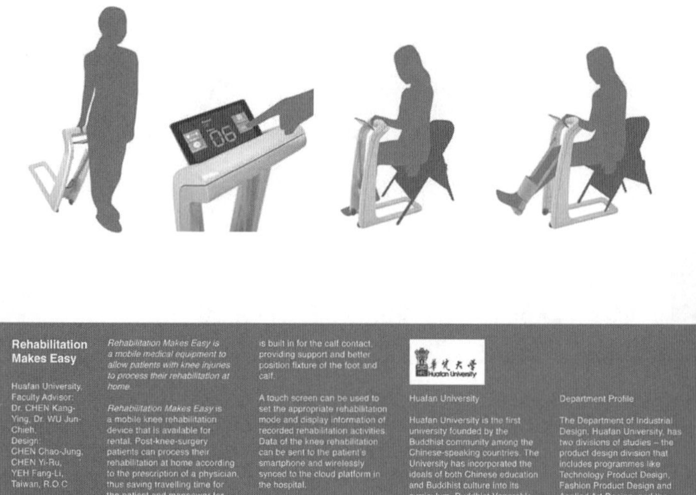

Rehabilitation Makes Easy

Huafan University, Faculty Advisor: Dr. CHEN Kang-Ying, Dr. WU Jun-Chieh, Design: CHEN Chao-Jung, CHEN Yi-Ru, YEH Fang-Li, Taiwan, R.O.C

Third Age

Rehabilitation Makes Easy is a mobile medical equipment to allow patients with knee injuries to process their rehabilitation at home.

Rehabilitation Makes Easy is a mobile knee rehabilitation device that is available for rental. Post-knee-surgery patients can process their rehabilitation at home according to the prescription of a physician, thus saving travelling time for the patient and manpower for the hospital. When a patient undergoes rehabilitation for the knee area, the knee activity data can be uploaded to the hospital's cloud rehabilitation platform that allows doctors to instantly assess the effectiveness of rehabilitation and modify the rehabilitation prescription.

Design features of the device: The knee rehabilitation device is designed with wheels to facilitate the patient's movement within any space. The device incorporates anti-slip foot pads and a heel positioning panel. A soft cushion is built in for the calf contact, providing support and better position fixture of the foot and calf.

A touch screen can be used to set the appropriate rehabilitation mode and display information of recorded rehabilitation activities. Data of the knee rehabilitation can be sent to the patient's smartphone and wirelessly synced to the cloud platform in the hospital.

The device's operational procedure:

The knee rehabilitation device is moved to a proper place for rehabilitation activities. It is set at rehabilitation mode according to the physician's prescription. The patient's foot is placed onto the pedals, and calf rests on the soft cushion. The patient begins muscle strengthening exercises by lifting up the foot and moving the leg back and forth.

华梵大学 Huafan University

Huafan University

Huafan University is the first university founded by the Buddhist community among the Chinese-speaking countries. The University has incorporated the ideals of both Chinese education and Buddhist culture into its curriculum. Buddhist Venerable, Hiu Wan, an artist and educator, established the university in 1990 as Huafan Institute of Technology.

The institute was reorganised as Huafan College of Humanities and Technology in 1993 and in 1997, it was accredited as a full-fledged university. Located in the rural area outside of Taipei, Taiwan, Huafan prides itself on its sublime educational ideals, its energetic teaching faculty, and its serene mountainous surroundings.

Department Profile

The Department of Industrial Design, Huafan University, has two divisions of studies – the product design division that includes programmes like Technology Product Design, Fashion Product Design and Applied Art Design, and the transportation design division.

The department concentrates on four aspects of research: Human Center of Welfare Design, Innovative Product Design and Management, Design Thinking and Theory, and Computer-Aided Design and Manufacturing.

图3-26 膝部复健器获得2015红点概念设计奖“The Third Age”最佳设计奖
（图片来源：Red Dot Concept Design Award 2015年鉴）

3.2.2 云端营养师

云端营养师是谢雯韵考虑到高龄者需要均衡的营养来保持健康，因此，她提出运用云端智能、食物营养成分数据库、影像辨识与电子秤等软硬件装置，及时显示高龄者每餐食物的营养成分与热量。她的概念是以量身打造的方式计算每位高龄者的营养数据，同时配合高龄者的身体状况与慢性疾病用药，可以调整每餐饮食的食物种类与分量，达到饮食均衡的效果。

随着年龄的增长，高龄者饮食随个人喜好与照顾者方便等实际情况，饮食逐渐简化导致营养失衡，或是因高龄者牙齿功能退化，将食物煮烂适合咀嚼因而造成食物营养流失。此时如果没有适时咨询营养师的建议，高龄者可能都会有营养不均衡的情形产生，进而引发疾病。

谢雯韵设计的云端营养师以智能餐盘与餐盘消毒杀菌架为产品设计概念，其中智能餐盘为云端智能的载具，提供食物类型影像扫描辨识，食物重量感应等信息，透过云端智能以食物营养成分数据库进行分析与管理，将食物营养信息呈现于智能餐盘上，让高龄者或照护者调整每餐营养成分达到饮食健康管理的目的（图3-27）。

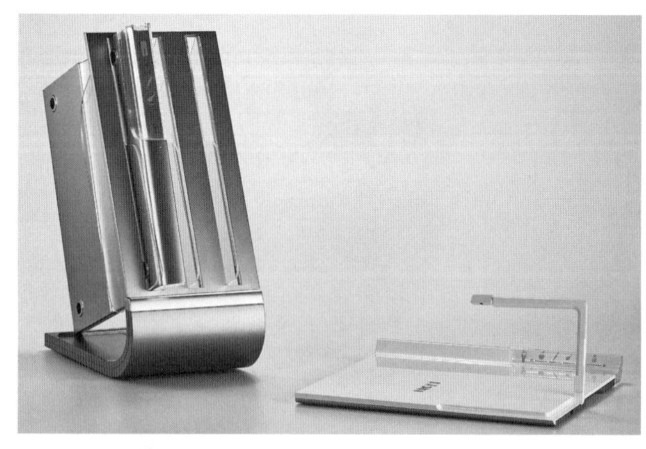

图3-27 云端营养师右边为智慧餐盘、左边为餐盘消毒杀菌架
（图片来源：谢雯韵 提供）

图3-28　将每餐食物放上智能餐盘扫描辨识营养成分
（图片来源：谢雯韵　提供）

如图3-28所示，智能餐盘有可以收藏的扫描镜头，摆上食物，扫描辨识同时称重，上述信息经由云端智能将营养信息呈现于智能餐盘上，有食物类型、重量、卡路里、当天所需营养达标率等信息。餐盘架可收藏餐盘并有蓝光杀菌功能。

3.2.3　医院病床吸尘器

医院中病床的床罩会经常清洗替换，但是床垫则无法有效的清洁处理，因此，床垫中滋生大量的病人皮肤屑、尘螨与灰尘，对于病人的健康是有影响的，其可能导致过敏、呼吸道感染与皮肤疾病。李宇妍为医院病床的清洁问题提出病床吸尘器的设计概念（图3-29）。

病床吸尘器两侧有导板，提供机器在病床上稳定来回运作的机制，清洁人员可以利用病床吸尘器吸尘模式清理藏在床垫中的人类皮肤屑、尘螨与灰尘。吸尘模式完成后，接着进行操作消毒模式，拉出机体中紫外线光布，覆盖整个病床进行杀菌程序，床垫单侧完成后再进行另外一侧的清洁程序。病床吸尘器以电池方式提供运作能源，可以免除病床吸尘器运作时电源线的干扰，让清洁人员运作效

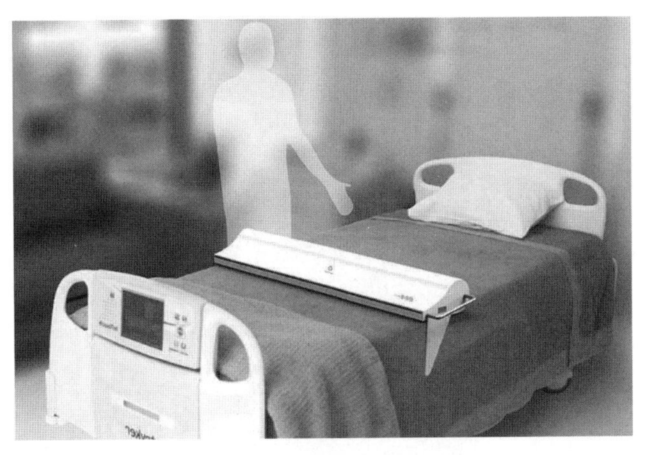

图3-29　病床吸尘器——为清洁医院病床而设计
（图片来源：李宇妍　提供）

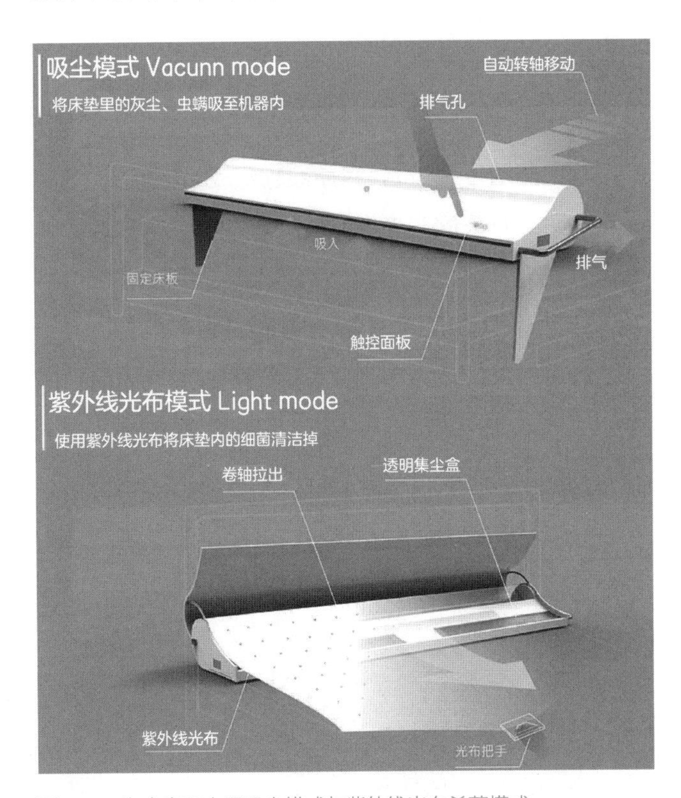

图3-30　为病床吸尘器吸尘模式与紫外线光布杀菌模式
（图片来源：李宇妍　提供）

率提高。图3-30为病床吸尘器吸尘模式与紫外线光布杀菌模式。

3.2.4　公共癫痫防护枕

公共癫痫防护枕是由潘羿帆所提出来的公共防护设备。一般人都会认为，如果身旁有发生癫痫状况的

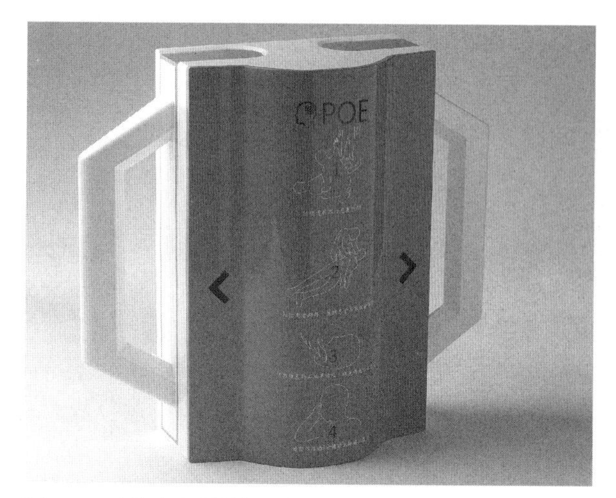

图3-31 公共癫痫防护枕设计
（图片来源：潘羿帆 提供）

病人时，要首先避免患者的舌头被牙齿咬伤，但是强塞物品给患者咬合，可能造成二次伤害。他发现医学上对于癫痫病患的首要协助，是需要以侧躺方式让病患进行癫痫恢复状态，患者在公共场合发作时需要有设备来防护患者。因此，他设计一款在公共空间可以急救癫痫发病患者的公共癫痫防护枕（图3-31），通过患者手机App软件可以连接此款装置，一旦患者因发病倒下，距离患者最近的公共癫痫防护枕装置会出现于患者手机上，让协助的人可以了解哪里有公共癫痫防护枕。找到装置，依机上说明，拉出即充气的防护枕，让患者可以采取正确的姿势等待救护人员到达。

公共癫痫防护枕上有说明急救的步骤（图3-32），装置两侧各有手把，用力拉出即可瞬间充气的防护枕，上面印有侧躺图示，让癫痫患者原地侧躺，并将头靠上充气枕，等待癫痫发作结束，如果癫痫持续5分钟需要立即送医。

3.2.5 口语矫正器

庄惠慈针对口语无法正确发声的儿童，设计一套可以在家进行矫正发音的口语矫正器，提供给家长可以随时检查孩童学习进度。由于儿童发音有缺陷，需要在语言师的协助下及时进行矫正训练，口语矫正器（图3-33、图3-34）以3种颜色的装置分别训练上下颚咬合、肺部运气与舌头动作影响说话的重要器官，同时也配合味觉、听觉与嗅觉等，提供儿童不同的感官刺激。口语矫正器可以依照不同的需求，以模块式配件方式，组合专属装置，让儿童自行以App游戏方式进行疗程（图3-35），家长同时通过App可以了解儿童学习实况与成长情形。

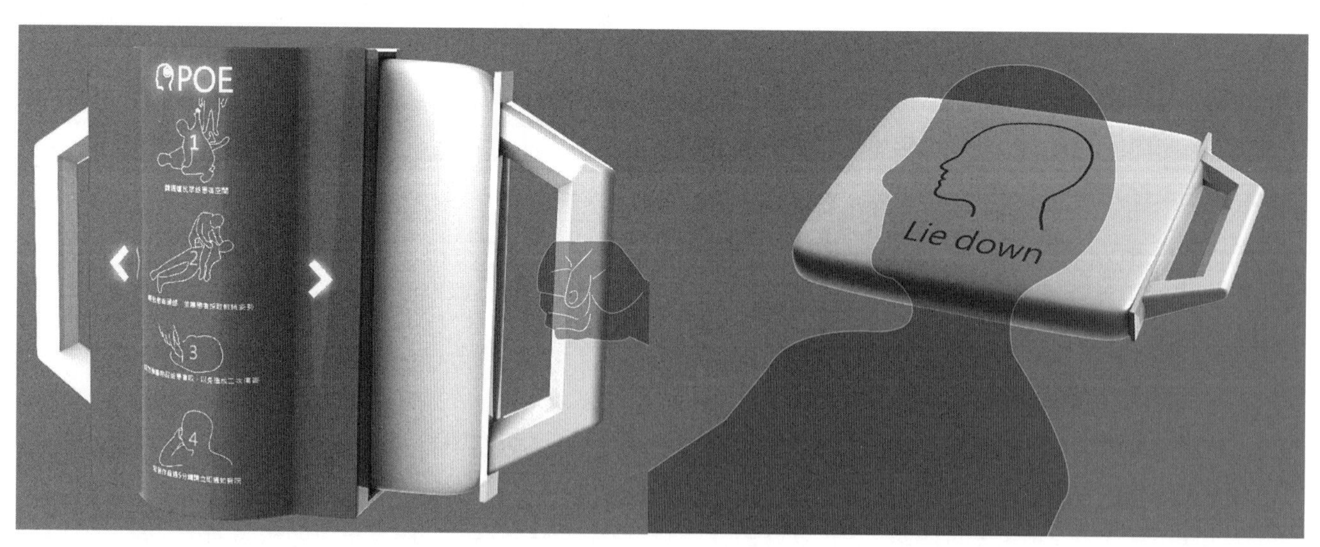

图3-32 公共癫痫防护枕使用方式
（图片来源：潘羿帆 提供）

图3-33 口语矫正器设计1
（图片来源：庄惠慈 提供）

图3-34 口语矫正器设计2
（图片来源：庄惠慈 提供）

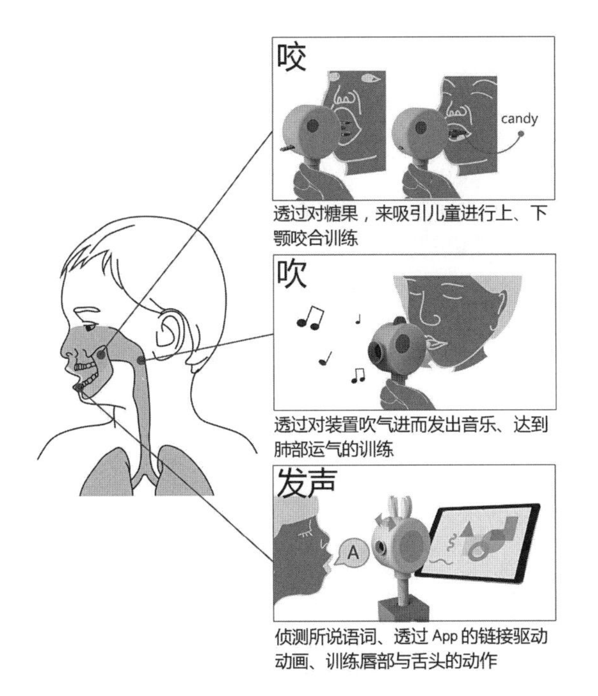

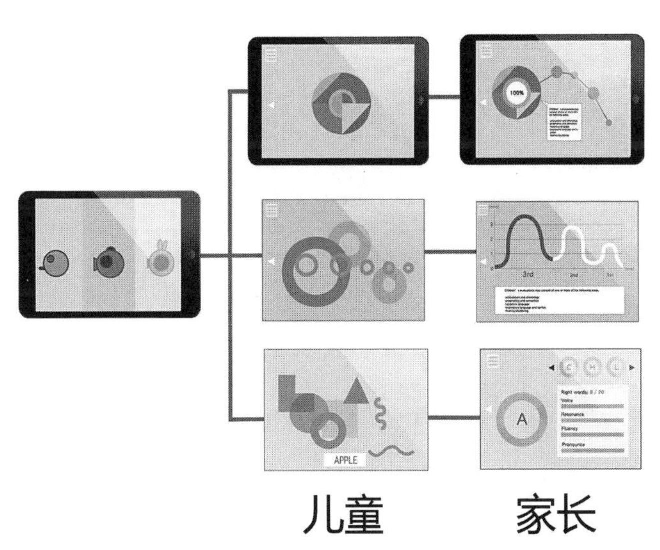

图3-35 口语矫正器咬、吹、说训练
（图片来源：庄惠慈 提供）

3.2.6 肿块侦测衣

乳腺癌是女性发生率较高的恶性肿瘤，通过贴身衣物中的肿瘤芯片对乳房的扫描侦测，将数据上传云端，建立个人监控数据，可以在早期发现肿瘤形成的警示。罗筠婷设计一款肿块侦测衣，设于家庭更衣间中，在女性者日常更衣的过程中，穿上贴身的肿块侦测衣，透过体温的侦测，扫描乳房与周围的体温，将此数据传输到手机App中进行分析。经过长期监控，软件可以适时提供罹患乳腺癌可能性的警示，让女性及早就医并进行详细检查。图3-36肿块侦测衣的整体设计，包含侦测衣、衣架形式的充电与控制装置。衣架可以挂置于更衣间中的墙壁上，连接电源提供侦测衣充电，衣架本身有触制屏幕，提供用户操作的提示与数据处理与分析结果。最后资料将上传云端，使用者可以运用手机上App及时查看日常侦测的结果分析。

女性穿上侦测衣后使用衣架操作模式与手机App的操作详细图示请参考图3-37。

图3-36　肿块侦测衣与充电触控区
（图片来源：罗筠婷　提供）

图3-37　肿块侦测衣App画面规划设计
（图片来源：罗筠婷　提供）

3.2.7 都市下水道垃圾拦截器

在都市中经常可以看到清洁人员清理下水道中的垃圾，他们用长勺子将垃圾与沉淀物捞起，有时候还要弯腰去清理两个孔盖间不容易清理的部分。这些垃圾如果不清理干净会堵塞下水道，滋生细菌病毒，导致环境卫生不良并影响居民健康。

黄奕铨观察到，清洁人员每隔一段时间需要打开下水道清洁栅栏去清理堆积的垃圾，这工作繁复且费时费力。因此设计垃圾拦截器旨在提供清洁人员干净且快速的清理方式，只要单一步骤和一位操作者，即可收集下水道垃圾。请参考图3-38都市下水道垃圾拦截器设计。

都市下水道垃圾拦截器是固定在下水道清洁孔下方，以外篮为支撑结构，内篮顺着水流收集垃圾及泥沙，当清洁人员发现集满垃圾后，可以迅速以单手提起握把，转动滚动条闭合内篮，即可倾倒垃圾。黄奕铨以都市下水道垃圾拦截器“Trash Interceptor”获得2016 IF Student Design Award优选Top 100。

3.2.8 小区无人智能诊疗药房服务设计

天津理工大学工业设计学系张旭老师指导邱雪同学完成的小区无人智慧诊疗药房服务设计，是针对小区居民进行设计的终端产品，整体造型是以药丸的造型和自助贩卖机为参考原型，加上带有诊疗功能的诊疗室为一体的设计。终端左侧和中部分别为储药区和药品贩卖展示区（图3-39）。右侧则是提供医疗服务的诊疗室，通过身体检测让患者更好地坚持服药（图3-40）。

患者在药品贩卖区，可通过手机App进行购买。药品贩卖区提供最常用的非处方签药物，还可以供患者方便地选购来自顶级品牌的各种营养产品、健康饮料、健康零食、益生菌等。药品贩卖区保持最常见药物的少量库存，可以减轻从药房领取新药的后勤负担。

患者可通过医疗绑定手机App，验证后进入诊疗室。诊疗室提供按需医疗服务。患者可以检查自己的身体质量指数，如血压、心率、血糖水平和血红蛋白，并随时更新自己的在线健康记录。患者还可以在任何时候在诊疗室测试和跟踪重要的身体数据，或者可以通过视频呼叫专业医生。这将使病人的后勤负担降到最低，并使他们更有可能在病情加重和医疗费用增加之前，进行护理工作（图3-41）。

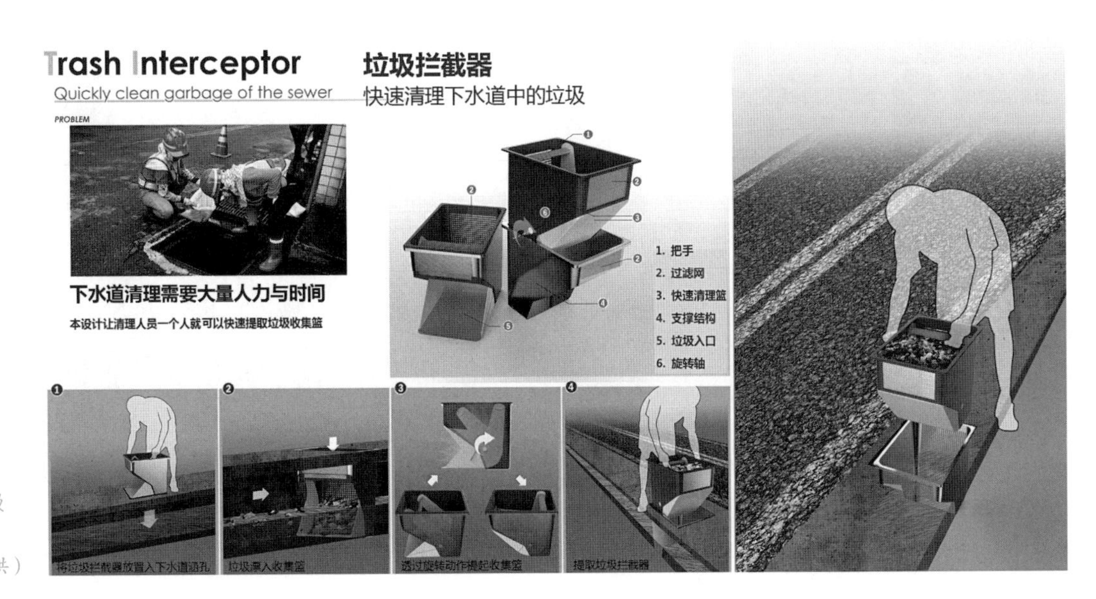

图3-38 都市下水道垃圾拦截器设计
（图片来源：黄奕铨 提供）

图3-39 小区无人智能诊疗药房服务设计环境拟真图
（图片来源：张旭、邱雪提供）

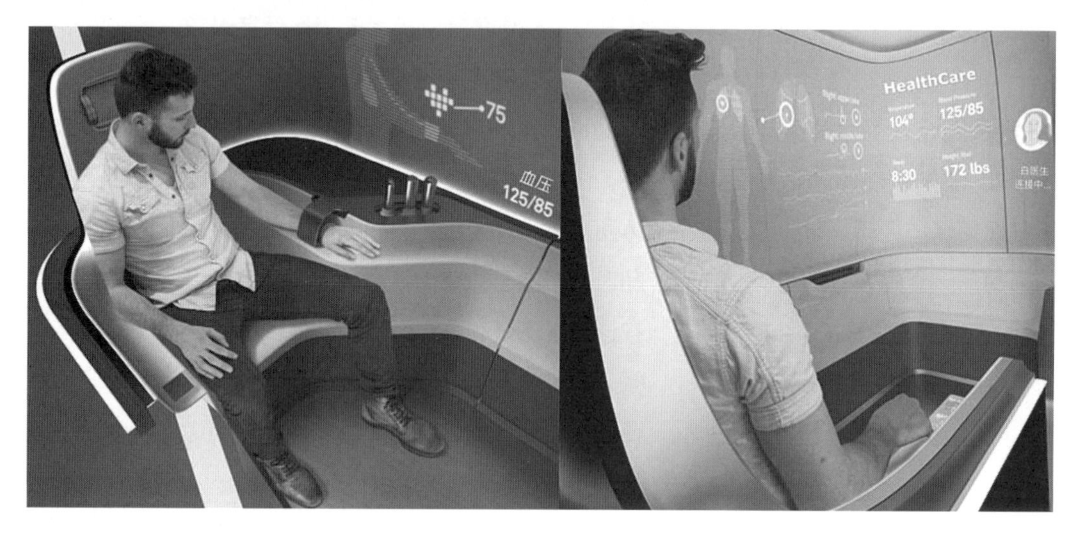

图3-40 诊疗室内部
（图片来源：张旭、邱雪提供）

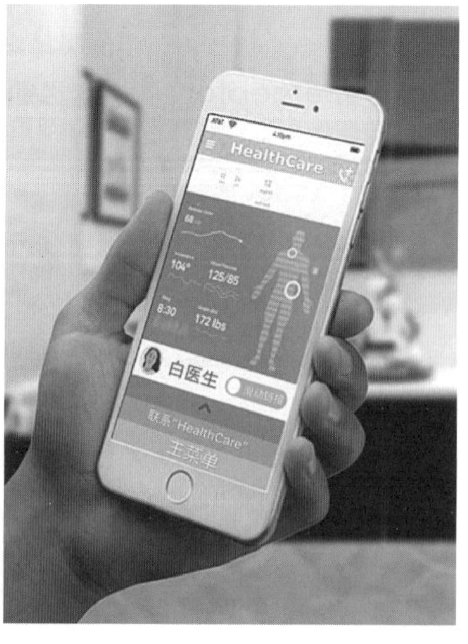

图3-41 手机App诊疗信息
（图片来源：张旭、邱雪提供）

3.2.9 康复疗养院服务系统设计

康复养老院服务系统设计由南京工业大学浦江学院王祥老师所设计，他针对居住在康复养老院的高龄者，规划在康复机械、康复医生团队与康复高龄者数据采集的基础上，借助大数据技术对高龄者进行康复信息可视化服务，让康复医生及时掌握高龄者康复信息，方便康复信息管理。同时，还可以让高龄者家属及时掌握康复进度与效果，进行更好的康复服务监督（图3-42）。

康复数据服务生态图（图3-43），康复团队、康复高龄者与高龄者家属三方利用数据分享，督促高龄者能够充分利用复健设施，同时也让高龄者可以感受到家属与康复团队的实时关怀。

康复高龄者需要随时携带康复手环，它具备身份识别、心律监测、睡眠监测与康复进度提醒等功能（图3-44）。

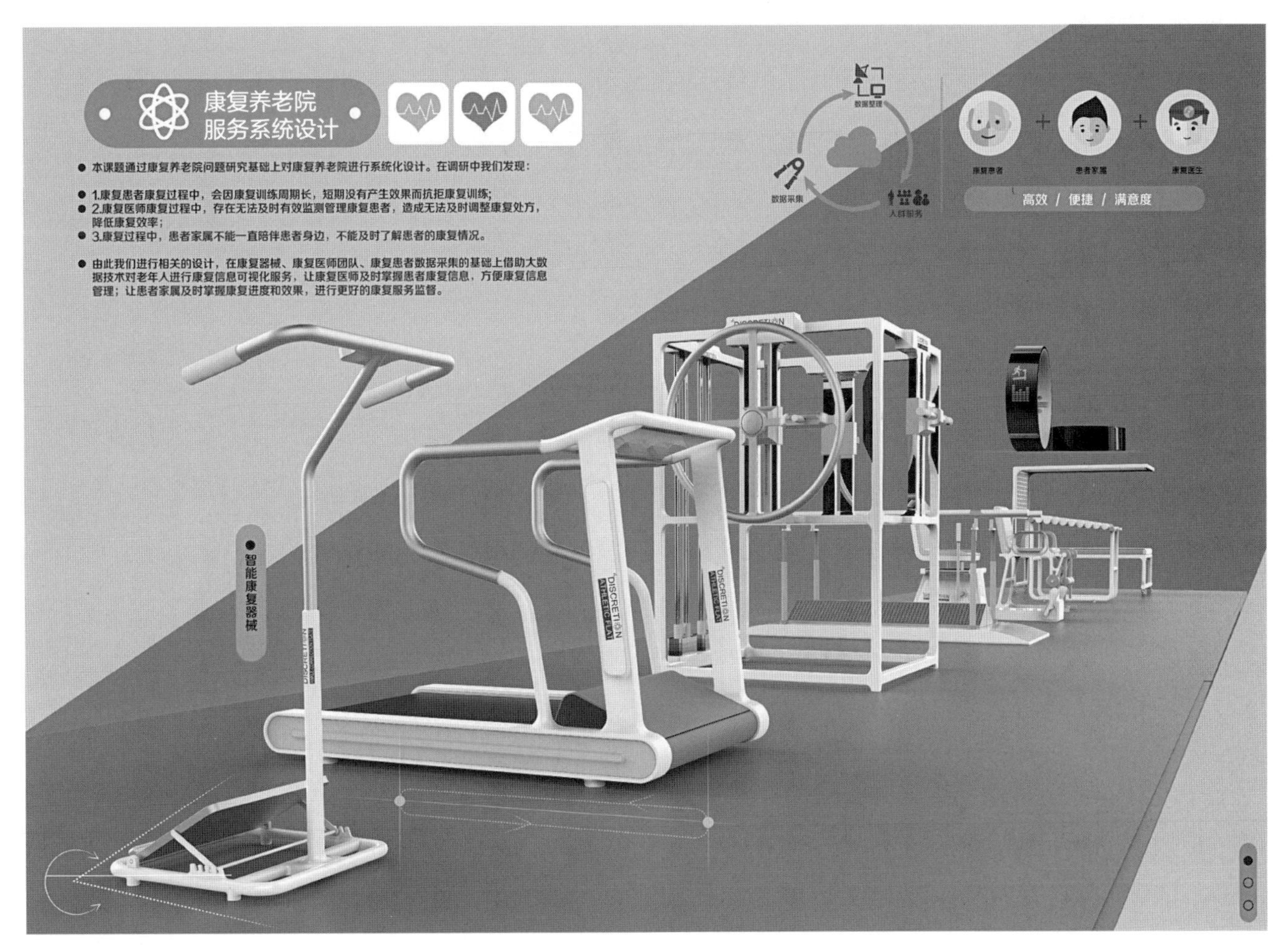

图3-42 康复养老院服务系统设计
（图片来源：王祥 提供）

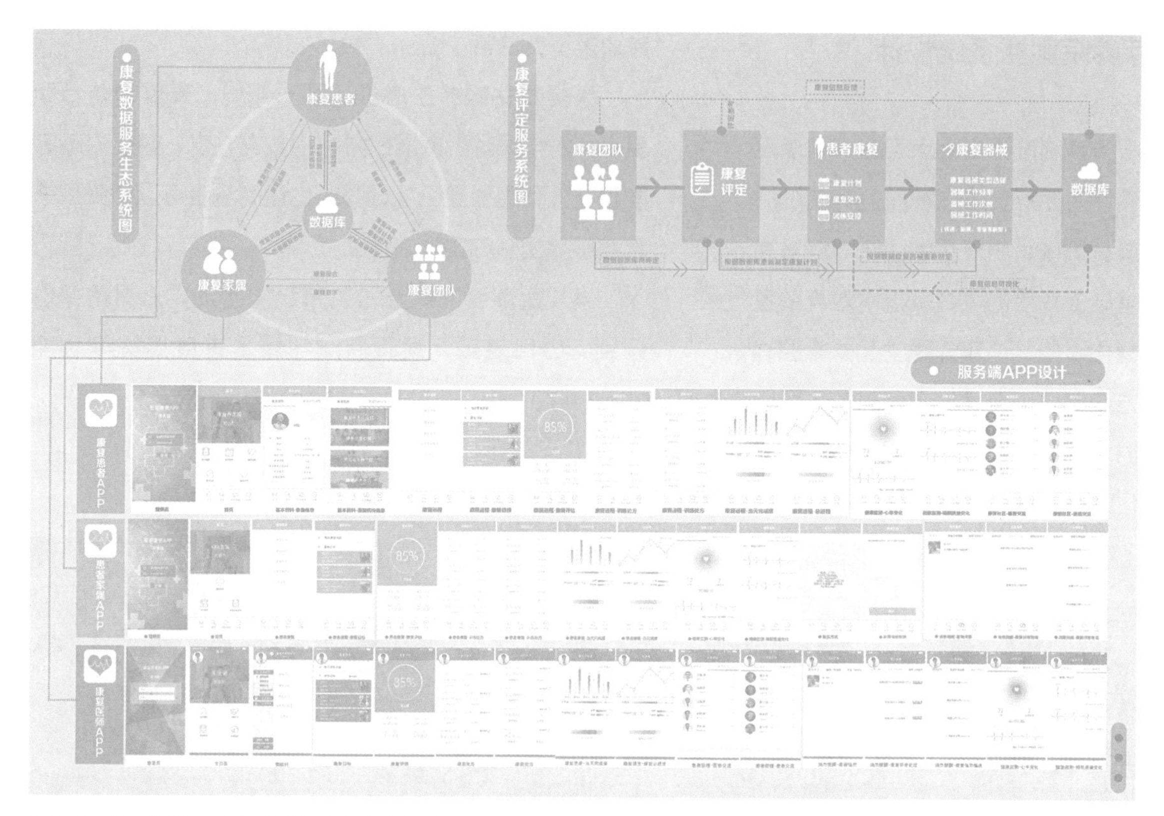

图3-43　康复团队、康复家属与康复患者相关联App
（图片来源：王祥　提供）

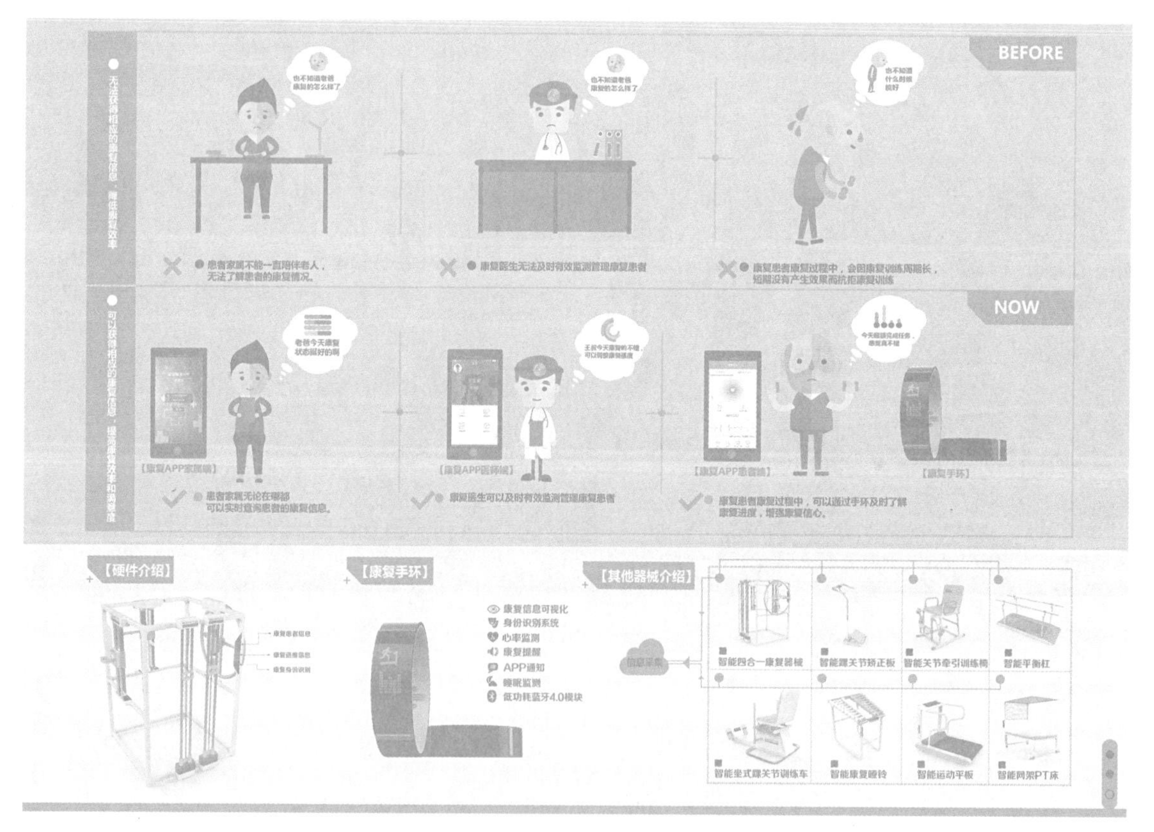

图3-44　康复团队、康复家属与康复患者使用前后对照
（图片来源：王祥　提供）

3.2.10 小区康复的多功能模块化设备设计

小区康复的多功能模块化设备设计由南京城市技术学院赵龙梅助教与南京工业大学浦江学院王祥讲师合作设计。他们发现医院复健机械价格昂贵，小区康复设备虽具备肢体锻炼的功能，但是缺乏中风高龄者的康复功能。他们还发现中风高龄患者由医院返回小区时，需要长时间进行手部康复训练，以提高中风高龄患者的生活质量（图3-45）。因此，他们规划小区中风康复装置有：手腕旋转训练模块、手部训练模块、手部协调训练模块、手指训练模块，让中风高龄患者可以聚集于小区活动，除训练手部复健外，还可以增进社交功能推迟高龄者老化。（本章作者为吴俊杰。）

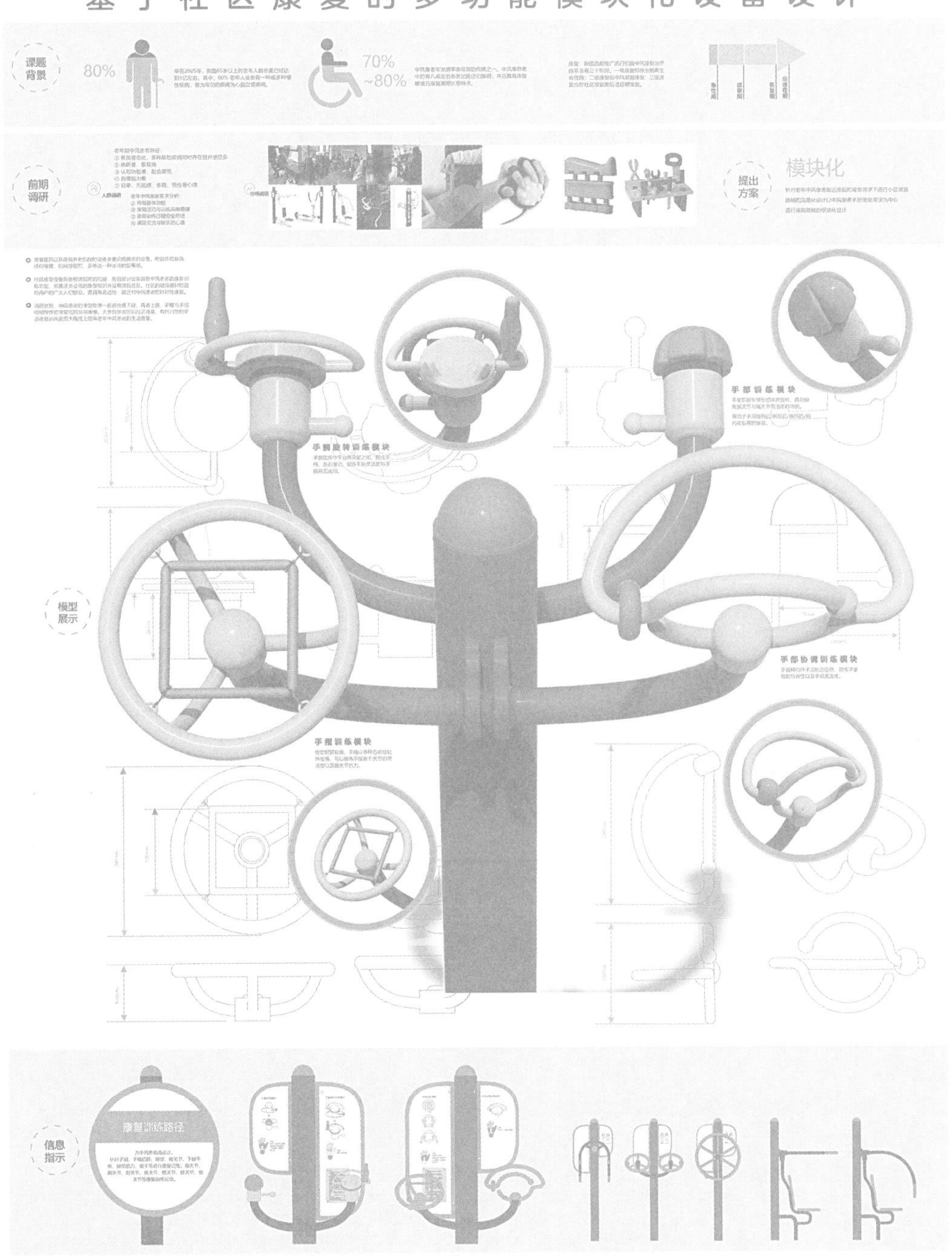

图3-45 小区康复的多功能模块化设备设计
（图片来源：赵龙梅、王祥提供）

第4章

高龄失智症园艺治疗设计

学者Cohen-Mansfield等指出失智症是一种变异性相当大的大脑疾病，症状为认知功能与记忆能力退化，患者最后会严重丧失沟通能力、工作能力与日常生活能力。当失智症患者开始产生认知功能退化，语言沟通、空间认知、失用失识时就需要家属24小时照顾，以免发生走失的问题。另外，当患者发生焦虑、没耐性、易怒、忧郁、游走等精神问题，对于照顾者与家族其他成员将产生语言冲突与暴力行为，更会造成患者亲属在生活与精神上极大的困扰与痛苦。失智症发生不仅造成患者本身生活不便，也连带影响家人的生活，对高龄社会将造成极大的冲击。

4.1 日间照护中心园艺治疗课程与设施设计

高龄失智者在轻微与中度的情况下，可以送到日间照顾中心上各种有助于推迟失智的课程，其中，园艺治疗是推迟高龄失智症的一种治疗课程方式。通过对植物的培育与栽种过程，高龄者可以与人互动交流并活动身体，进而达到动脑的目的，有助于身心的健康。园艺治疗课程由专业园艺治疗师担任，教导高龄者与植物的对话并接手后续浇水等照顾活动，让高龄者有所寄托。本小节将说明园艺治疗的效益、失智症的园艺治疗课程、园艺治疗课程的需求，最后提出园艺治疗花台的设计。

4.1.1 园艺治疗的效益

美国园艺治疗协会（American Horticultural Therapy Association, AHTA）指出园艺治疗并非新兴的专业，而是一个历经时代印证的实务科学。它是一种补救的过程，利用植物以及园艺活动来改善人的身心健康。学者郭毓仁与张滋佳认为，治疗过程中利用亲近植物，接近大自然的方式，达到改善不良的生活行为、生理的复健与心理的疗愈的目的，让身心障碍恢复到未发病前，甚至恢复到比之前更好的状态。

学者郭毓仁在《园艺与景观治疗理论及操作手册》一书中指出，植物从播下种子，经过悉心照顾，逐渐成长到最后开花结果，成功的种植能够让病患获得自信心与成就感。整个植物的生命历程，就好像人类的一生，经过种子发芽的幼年期、青春期、中年期、老年期，最后结种并死亡。学者郭毓仁与张滋佳提及，在照顾植物的过程中，能够了解到生命的规律，并回顾自己，进而涌现幸福的感觉，让自己由疾病的阴影中走出来。而学者Relf提及对于花开与果实成熟的等待，能产生一种期待的感觉，重新燃起对生命的希望，成为一种心灵的寄托。

学者Namazi & Haynes认为，园艺治疗对认知的助益方面，接触植物的五感刺激，包括触觉、听觉、味觉、嗅觉与视觉，可以触发个人的回忆，激发患者的思考，引导出观察外在环境的觉察力，这对大脑是一种很好的刺激。学者Hewson认为在植物生长与成熟的过程中，提供许多相关的园艺活动，能够刺激思考，活动身体，帮助维持现有的生活自理能力，让失智老人在从事园艺活动的过程中顺便获得复健的机会。学者Jarrot、Kwack与Relf提出，同时园艺治疗多为团体活动，对于个人的认知、社会交际状况与身体机能的进步都能有所助益，让失智老人不再孤独与寂寞。

学者刘富文在《人与植物的关系》论文中提及，根据古埃及文献记载，医师鼓励患者在庭园中散步以减轻病痛，学者陈惠美与黄雅铃提及，在国外园艺治疗已经是一门专门的学科，广泛应用于医疗机构，并有专门的学校培训园艺治疗师。台湾园艺治疗虽属于刚启蒙的阶段，但渐渐已经受到大众的注意，相信在不久的将来，能够成为照护中心的标准疗程。

4.1.2 失智症的园艺治疗课程

学者Hewson提及成功的园艺治疗课程需具备：①与医护人员的默契配合。②使用易栽培、无毒性的植物种类。③对治疗案主的内容与隐私必须保密。④随时记录，作为课程改进的数据。⑤安排来宾演讲与影片以及志愿义工的协助，扩充课程的深度与广度，增加不同的刺激。⑥广泛使用社会资源，如器材厂商、花卉业者，取得经费赞助与良好的社会回馈。⑦放松自己，与案主共享活动愉快时光或是安排一些能振奋人心的出游活动。黄耀升在《以生命回顾法融入园艺活动课程对高龄者休闲效益体验影响之研究》的论文中提到，以生命回顾法融入课程设计进行实验研究，发现设计课程时，需以高龄者面临的课题为主轴，考虑他们生理、心理及社交上的需求。而在设计失智症老人治疗性课程时，需注意患者伴随的症状（如沮丧、焦躁、记忆力减退、时空定向感的混淆等），适时修正课程内容与园艺工作的难度，以配合个案的认知能力及生理、心理状况。学者Hewson还提及在过程中除了利用植物作为媒材之外，亦可加入辅助教学的工具（如彩色海报、提字卡等），清楚地提示他们的工作内容。

Hewson 、Relf与黄盛璘3位学者都提及，适合老人室内的园艺治疗活动可以有下列几个类型：工艺活动——制作干燥花、纸黏土花盆、风铃、圣诞吊饰、插花摆饰、花草名牌、拓印卡片、手工肥皂、香包、百花香（干燥花集锦）、胸花、毕业纪念墙报；饮食活动——烹饪蔬菜、煮与喝花草茶、制作香草醋、搓艾草汤圆；医疗保健——药草敷脸、艾草棒按摩穴道；种植植物——生态缸植栽、催熟球根、移植植物、制作组合盆栽、播种；延伸活动——运用花盆或竹子演奏音乐、谁是虎鼻师（闻香辨认植物）活动。

学者Lewis认为老人照护机构实施园艺治疗计划可以在室内与室外进行。学者王淑真指出，赡养机构在园艺课程空间的规划上，需考虑老人身体上的限制，考虑场地的大小，如机构内闲置的空地、顶楼、阳台等；室内则可以种植盆栽，美化环境。室内需要能提供充足的日照环境或是植物灯，供给植物生长，并保持空气流通。Hewson指出失智症患者认知功能上的受损，必须特别注意实施地点的安全性与舒适感，例如无障碍空间及应特殊需求的设备。

4.1.3 园艺治疗课程的需求

本小节提出园艺治疗师在日间照顾中心，对高龄失智症患者实施课程中的园艺治疗课程与设施进行调查，以理论进行分析，结果归纳出园艺治疗课程需求的主要类别有5项：①降低课程实施成本。②增加参与课程的动机。③老化的身体方便使用途径。④增强身体机能。⑤对植物持续照顾。

1. 降低课程实施成本

园艺治疗的实施成本比其他种类的治疗方法高出很多，无论是人力或是材料成本。因此如果想要让课程在照护中心中持续举办，就必须想办法降低这些成本。在工具的设计上，尤其像花台这种比较大型的设施，必须降低造价，让大部分的照护单位都能够轻松扩充设备。园艺治疗的材料费是课程预算的额外开销，必须额外申请经费，每个人每次上课的材料费大概只能有20～45元，有的单位甚至更少。因为经费非常紧迫，园艺治疗师必须要有一套自己准备工具与材料的方案，让课程能够利用有限的资源，达到最好的效果。园艺活动会用到很多的器材，甚至为了符合特定的对象，会有特殊的辅具，来让课程进行得更加顺利。但是专业辅具的价钱比较贵，在经费受限制的状况下，通常照护单位并不会将专业辅具列为预算编列的优先考虑，致使牺牲了某些使用者的福利。因此治疗师必须在有限的经费中，让工具能够符合老人的需求。在植物的照顾上，虽然比动物简单照顾，但是还是要花心力在上面，对于工作人员是很大的负担。因此最好能够借由工具的设计，帮助失智老人独立完成植物的种植以及日常的照顾，这样既能增加园艺治疗对老人的效果，也让工作人员能够空出精力，更加专注于提升照护质量。请参考表4-1降低实施成本的类别与需求因子。

降低课程实施成本　　表4-1

主类别	类别	需求因子
降低课程实施成本	上课材料容易准备	自行生产上课素材
		材料能充分利用
	节省工具成本	自行创造工具
		坚固耐用
	人员安排简单	植物日常维护
		学员独立作业
		人员培训简单

（数据来源：吴俊杰　整理）

2. 增加参与课程的动机

老人在退休后，生活如果孤独与封闭，很容易造成疾病的恶化，心情的忧郁，甚至有可能丧失活下去的勇气。虽然无法保证园艺治疗能够直接提升老人的认知功能，但是通过接触植物，让老人拥有正面欢乐的情绪，愿意走出来跟外界接触，至少可以避免认知的持续退化。只要愿意去上课，就有治愈的希望，所以园艺课程要想办法让老人愿意主动参与。请参考表4-2增加参与课程的动机的类别与需求因子。

老人退休以后，丧失了家庭与职场的主导地位，许多事情都只能听子女的，尤其住进养老机构以后更是团体生活，能够自己做主的机会更少，这样会让老人觉得自己已经没有用处了。在这样的情况下，失智老人很有可能会失去活下去的动力，对生命不再感到希望，所以必须通过各种机会鼓励与赞美，设计能够获得成就感的课程，提供为自己做主的机会，让老人了解到，他（她）的生活还是拥有尊严与意义的。园艺治疗是一种

增加参与课程的动机　　表4-2

主类别	类别	需求因子
增加参与课程的动机	获得自信心与成就感	获得赞美与回馈
		展示作品
		表达自我
	有目的性的治疗课程	有趣多变的课程
		依对象改变课程
	好的社交与互动	共同上课的感觉
		送上祝福
		包容争执与异议

（数据来源：吴俊杰　整理）

有目的性的治疗，上课的对象会经过筛选，有需要的才会来上课，因此每一疗程的学员，并不一定会相同。在课程进行之前，会根据这一次课程实施对象的身体机能，实施照护的单位类型，实施课程时间的长短，实施的季节，经费的多寡等因素，设定预计达成的课程目标，再根据这个目标安排课程内容。好的社交状态，能够增加老人的幸福感，进而减缓退化。社交包括老人与亲人之间的感情，老人与朋友之间的互动，老人与老师、社工之间的交流，因此在课程中，治疗师要想办法通过活动的设计，加强这些关系，帮助老人走出孤独与寂寞。

3. 老化的身体方便使用途径

工欲善其事必先利其器，完善的园艺设施能够让园艺治疗师在实施课程上更加顺利。经过设计的工具，能够让长辈们更容易独力完成工作，借此增加他们的成就感与自信心，进而提升参与课程的意愿。对于园艺治疗师来说，能够拥有一个方便好用的花台，在实施园艺治疗上有绝对的加分效果。

因为老人身体的老化，无法长时间站立，腰无法下弯，膝盖无法蹲下，有些长辈甚至乘坐轮椅，这些身体的障碍让老人无法在传统设立在地面的花圃操作，花台要经过特别的设计。失智长辈最怕产生“没办法”的心理，治疗师可以给他们辅具使用，并告诉老人这些困难都不是问题。他们可能只是因为工具不够好，而无法完

成预定的工作，治疗师可以利用辅具来改善他的能力，补足能力落差。请参考表4-3老化的身体方便使用途径的类别与需求因子。

老化的身体方便使用　　表4-3

主类别	类别	需求因子
老化的身体方便使用途径	方便的种植区域	教室上课多功能
		方便种植小盆栽
		种植空间可以移动
		大的操作空间
		轮椅能够靠近操作台面
		收纳的空间
	辅具提升表现	工具容易抓握
		简单熟悉的操作方式
		工具方便坐着操作
		工具容易控制
		工具省力

（数据来源：吴俊杰　整理）

4. 增强身体机能

有别于其他课程是专门针对一种功能的训练，园艺治疗运用植物，可以延伸出非常多样的活动，可以依据不同的需求转变成其他类型的治疗方法，例如：接触乡土的植物与怀旧疗法结合，闻香草、花香与芳香疗法结合，手工艺的活动与艺术疗法结合。园艺治疗对于老年人的身体可以有综合性的帮助，同时具备了肢体的复健、五感的刺激、手指灵活度的训练，可以依据不同的对象设置不同的课程目标，达到不同疗效。

植物能够提供丰富的五感刺激，治疗师在课程中会选用具有鲜艳颜色，强烈香味的植物，请每个人摸摸看、闻闻看。老年人通过接触各种植物的色彩、气味与质感等外界刺激，能够活化大脑的各个部位。经过实验证明，在丰富刺激的环境中，更能够刺激大脑的活化，这些刺激对失智老人的记忆恢复、减缓退化有一定的帮助。但是为了避免有其他的危险或纠纷，应该特别注意吃进去或者是肌肤接触的东西，老人是否会对此产生过敏，同时避免与其已经服用的药物产生不好的化学反应。

失智症患者在大脑负责记忆的区域萎缩，最明显的现象就是可能记得小时候的故事，但当下发生的事情一回头就忘记了。失智老人感到生活就像在迷雾中，宝贵的记忆一项项消失，原有的能力一个一个被疾病剥夺，对他们来说这个是充满恐惧的事情，很容易因此将自己封闭起来，希望借此固守自己仅存的记忆。也因此失智老人可能生活在自己的时空中，对周遭的事情漠不关心，治疗师要想办法走入老人的内心世界，才有机会让老人走出自己封闭的心灵。通过与失智老人聊他们感兴趣的话题，让老人回忆起过去，强迫思考自己的事情，当如死水般的记忆开始流动，认知能力才有可能进步。请参考表4-4增强身体机能的类别与需求因子。

增强身体机能　　表4-4

主类别	类别	需求因子
增强身体机能	丰富的五感刺激	视觉刺激
		触觉刺激
		嗅觉刺激
		听觉刺激
	提升认知能力	帮助短期记忆
		引起过去回忆
	复健融入园艺活动	促进活动肢体
		依能力调整强度

（数据来源：吴俊杰　整理）

在家中老人因身体比较不灵光，很多以前常做的事情，像是家务事，家里的人因为怕危险，都禁止他们碰，这样形成恶性循环，越不做，退化速度越快。园艺治疗里的许多活动都隐含复健的意义，让老人在不排斥的状态下活动肢体，不再像传统的肢体复健一样枯燥乏味。通过园艺治疗来训练的项目，时常是老人在日常生活中可以用到的技能，譬如用手剥蒜头、用筷子夹豆子，这样能有效帮助老人维持现有的生活自理能力。

5. 对植物持续照顾

园艺治疗最重要的步骤，就是让老人能够通过持续照顾植物，将精力放在照顾植物上，借此获得心灵的寄托。如果没有去亲自照顾植物，园艺治疗的效果将大打折扣，必须真心疼惜自己种的花草，观察与体会植物的生命过程，才能获得园艺治疗最大的疗效。普通园艺治疗师一个星期只上一次课，如何让长辈在下课后，将照顾植物当作自己的责任，让植物持续生长不会死亡，是一个需要思考的项目。

老人在刚开始很容易放弃，可能就觉得："哎呀，没用了啦！种不起来啦！"。第一次种植的经验特别重要，种植成功了以后才有可能提起老人的兴趣，引出后续的课程。因此必须选择好种的、容易成功的植物种类与种植方法，而可能会致使植物死亡的因素要尽量避免。

园艺治疗很适合针对心理方面的疾病进行心灵治疗，像失智症时常伴随的老年忧郁症。园艺治疗以植物为媒介，不会像一般的心理治疗那么直接，其借由观察植物的生长过程为话题，连接到老人的自身状态，让老人愿意敞开心胸，谈论自己的过去与现在的心情，让治疗师进行开导。种植的过程也能转移老人的注意力，不再哀叹自己的病痛，让充满生气的植物进入老人原本暮气沉沉的生活中，提供一个继续活下去的动力。请参考表4-5植物持续照顾的类别与需求因子。

对植物持续照顾　　表4-5

主类别	类别	需求因子
对植物持续照顾	植物成功生长	植物种类的选择
		种植方法选择
		浇水量的控制
		适量的阳光
		减少虫子出现机会
	植物抚慰心灵	关心并照顾自己的植物
		借由观察植物获得心灵提升

（数据来源：吴俊杰　整理）

4.1.4　拟定园艺治疗花台的设计规范

1. 花台的构造要求

一般给失智老人进行园艺治疗的花台，提高种植的区域到桌面的高度，让老人可以以坐姿的方式操作园艺。花台必须要考虑到排水的问题，老人又会坐着靠近花台，如果会漏水便会直接滴到大腿上，造成使用上的不便。另外，如果花台有用到木头的材质，必须让土壤与木材不会直接接触，不然长期浸泡在水中很有可能会造成腐烂，减低使用的寿命。因为土壤浇水以后会非常重，因此必须考虑花台的承重性。

2. 花台的造型

因为园艺治疗每次上课的人数并不固定，并且同一间教室可能会给不同的课程使用，因此花台最好可以拆成较少使用人数的台面，需要时可以自由组合。花台外形为了刺激视觉，花台可以漆上不同的颜色，甚至可以让老人自行装扮自己的花台，更能够增加老人的成就感。花台的材质可以以木头为主，因为这样摸起来会比较温润。而整体的结构上，要让人感到坚固，不会摇摇晃晃的，使用起来也比较安心。最后一点就是对于失智老人来说，他们仍然保有成人的人格，必须要尊重他们的尊严，在花台整体的造型上要像一般通用的家具，要让老人感觉到自己不是因为有病才用到这类的辅助设施。

3. 植物照顾

大部分的日间照护中心都是在小区的公寓中，不一定有户外的空间，并且失智症患会有游走的情况，如果开放的空间很容易走失，可以考虑加装植物灯，让植物可以在室内生长。一般植物容易因为浇水量不恰当，造成植物死亡，但是园艺治疗主要的宗旨是希望长辈亲自来浇水，为了减轻工作人员的负担，可以加上自动提醒浇水的设备。但日间照护中心一般没有提供假日的照护服务，到了夏天植物很有可能一两天没浇水就死亡了，因此可以在花台旁边装上自动浇水设备，在没有人的时候帮忙浇水。园艺治疗都不希望喷洒农药，为了预防菜虫的出现影响植物生长，可以为植物加上网子。

4. 花台的制作

照护中心这一类的服务性质团体，经费都没有很多，如果花台的价钱过于昂贵，对照护中心的负担就会过大。因此可以考虑到几个降低花台成本的方法：可以加入较廉价的材质来制作花台，比如用钢管当作支架，台面再用木头。花台的设计上尽量用市面上可以买到的零件来组装，比如现成的花盆、现成的钢管套件，甚至有些地方可以运用废弃的材料来废物利用。如果要量产，可以考虑系统家具的做法，给用户自己DIY组合，都能够大幅减低运送以及组装的人员费用。

5. 花台的功能

大部分照护中心都只有一间大教室，这间教室要给所有的课程使用，因此在上完园艺治疗课程以后，必须要便于快速地收拾，让下一门课程可以顺利进行。这就需要花台在使用时，可以维持环境的清洁，并且工具用完以后可以方便收纳，让最后上完课程能够快速收拾干净。

园艺治疗都会希望能够给予学员有各种不同的刺激，较大的种植区域可以种菜，而小盆栽可以种花，都有不同的治疗意义在其中。所以花台要能够有大的种植区域，也要有可以种植小盆栽的地方。另外，为了增加成就感，都会希望将失智老人种植的植物作品展示出来，因此花台最好也能够具备展示的功能，可以摆放与展示自己的植物。

6. 花台的尺寸要求

照护中心会依据各种不同的对象以及课程内容，排列座位，因此花台底下要有轮子，方便移动。教室与户外空间可能不在同一楼层，因此在搬运的时候就要考虑到电梯的尺寸大小。但是电梯的尺寸差异很大，因此可以将花台设计成为组合式的，分开的时候是一人座或两人座的花台，必要的时候可以合并起来。老人因为身体的退化，有些病患会坐轮椅，因此花台必须考虑到轮椅也能方便使用。最需要注意的就是工作台面的底下高度要比轮椅手把高，让老人能够靠近桌子。一般中型的轮椅把手高度在72厘米左右，所以花台底下必须高于这个高度。另外必须考虑到土壤种植的深度，至少要15厘米以上，是否加上去以后会过高，是必须慎重考虑的地方。

7. 花台的操作方式

对于失智长辈来说，操作园艺最有趣的地方就是触摸土壤，用手去搅拌，但老人手脚比较不灵活，如果工作区域大一些，对他们才是一个友善的设计。每个人种植区域的分界不要那么清楚，在种植的时候才能够有互动性，可以只单纯用线或者筷子隔开，这让同一花台内可以有多人共同种植的区域，也有属于自己个人的专属区域，进行不同类型的课程。因为有些种植的材料会暂时放置在台面上，底下可以加上一些防滑的材质，让这些东西比较不容易被老人的手碰到而掉到地上。

请参考表4-6，由第一层设计规范延伸至第二层设计规范。

花台的设计规范　表4-6

设计规范 第一层	设计规范 第二层	设计规范 第一层	设计规范 第二层
花台的造型	花台的形状可以组合	花台的尺寸要求	花台尺寸能通过大门与进电梯
	花台的颜色鲜艳		轮椅把手能够推进高台下
	花台造型给人感到安心		轮椅推进去时不会卡到脚
	造型不会让老人感到特殊化		桌子宽度够轮椅推进去
	花台有丰富质感		可以调整高台高度
	能自行装扮自己的花台		植物土壤的深度足够

续表

设计规范 第一层	设计规范 第二层	设计规范 第一层	设计规范 第二层
植物照顾需求	假日无人时能自动浇水	花台的尺寸要求	花台与盆栽的土高与桌面等高
	具备植物灯		大的种植空间
	提醒什么时候该浇水	花台的构造要求	花台排水良好
	装防虫网		花台不会渗水
花台的制作要求	花台的造价便宜		花台坚固耐用
	预算内做成最大的花台		花台的重量轻巧
	用现成的便宜器具改造		花台可以在户外放置
	某部分可以用废弃物 DIY 改造		备有轮子可以移动
	能自行请工厂订制		架高的花台形式
	现成可以买到的零件	花台的操作方式	有自己的专属种植空间
花台的功能需求	有自己的花草名牌		花台看了就知道怎么操作
	台面容易清理		花台的操作方法简单
	具有展示的功能		多人共同的种植区域
	有工具收纳空间		花台方便拌土

（数据来源：吴俊杰　整理）

4.1.5　园艺治疗花台的设计

园艺治疗花台的设计，何羿邦提出以采用现成的洗菜篮作为盛土的部位，底部套上一层不织布预防土壤的流失。此款设计总共可以提供4位老人同时使用，每2位老人用一个篮子。花台的侧边面设有可以抽出的小桌面，可以在桌面进行栽种小盆栽。花台上面中间凹陷部位设有置物盒，可以置放园艺小工具。

园艺治疗花台的设计如图4-1，采用较重的木材为材料，因此花台较为稳定，底部设置轮子，可以轻易推到室内定点或户外花园中使用。制作的原型时，发现整体桌子长度放不进一般电梯中，因此将原本放置在中间的工具盒设计去除，最后完成的园艺治疗花台如图4-2所示。

园艺治疗花台的原型经过园艺治疗课程的实施后，更新了第二个版本，以金属为骨架，塑料木板为桌面，现成的洗菜篮作为盛土的部位。第二个版本园艺治疗花台重量较轻，成本较低，可以让使用者自行组装，很适合推广到日间照顾中心。请参考图4-3第二个版本园艺治疗花台的原型。

园艺治疗花台的原型经过园艺治疗师实际以栽种空心菜以及小盆栽迁插来验证原型，园艺治疗花台的原型上课的过程如表4-7所示。

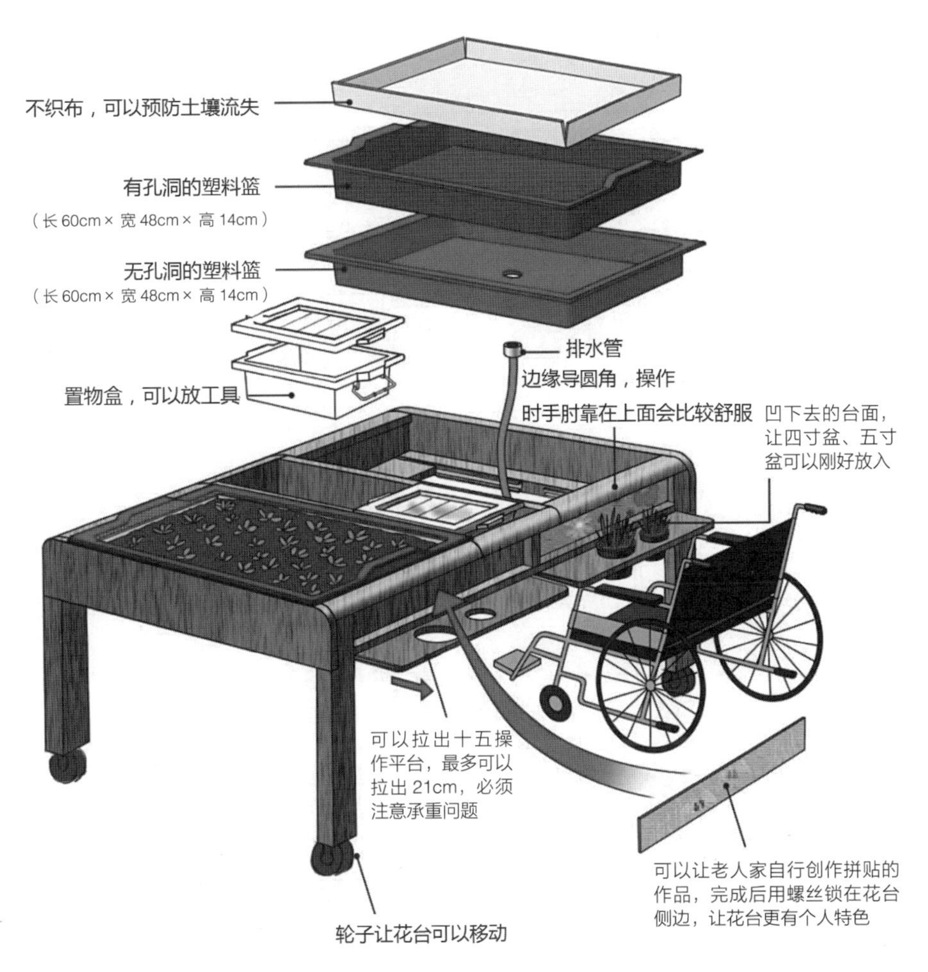

图4-1　园艺治疗花台的设计
（图片来源：何羿邦　提供）

图4-2　园艺治疗花台的原型
（图片来源：何羿邦　提供）

图4-3　第二版园艺治疗花台的原型
（图片来源：何羿邦　提供）

园艺治疗花台的原型操作过程 表4-7

1. 铺上一层织布	2. 铺上一层石头	3. 铺上一层培养土
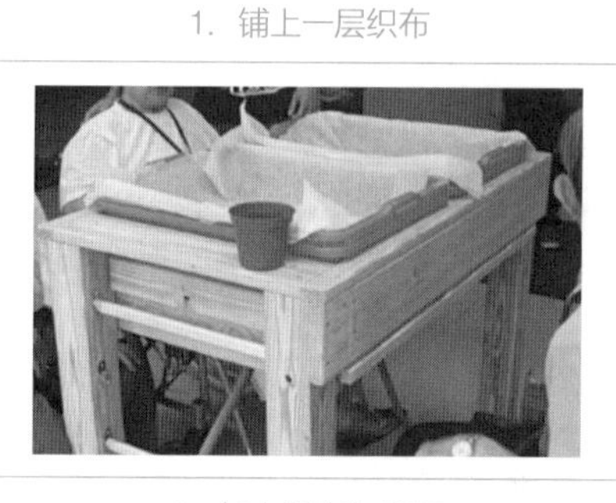		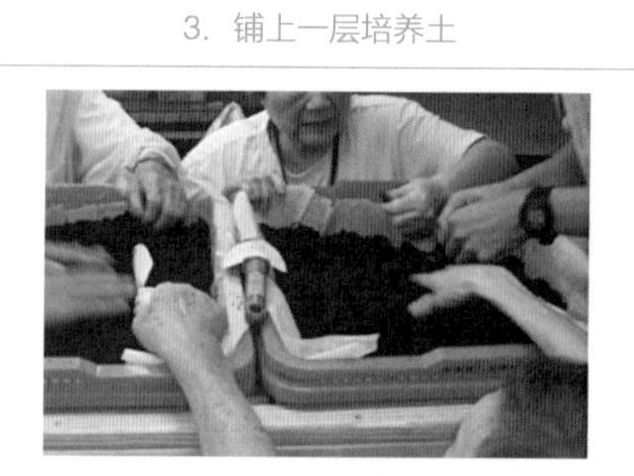
4. 加上稻壳与蛭石	5. 将土壤搅拌均匀	6. 放上分界线

7. 剥蒜头并种在边缘	8. 播下空心菜种子	9. 浇水

10. 将自己的名牌插上	11. 小盆栽上黏贴纸	12. 将土壤装进花盆中
	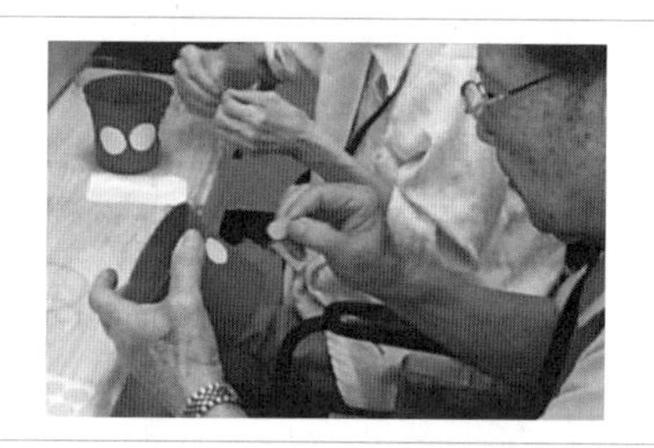	
13. 到花园剪花与叶子	14. 将花草插进盆栽中	

（图片来源：何昇邦 提供）

4.2 居家园艺治疗设施

失智症高龄者在家时可以随时近距离地与所种植的花草互动，园艺治疗利用植物需要被照顾的特性，让高龄者感受到自己有照顾植物的价值，在日常生活中产生希望，身心因此能获得健康。

谭宇伶设计了一款适合高龄者在家操作园艺治疗的花台设计，以高花台设计方式，让高龄者可以采取坐姿或站姿照顾与观赏所种植物。花台下方配置有滑轮底座，提供推动到室内窗户边或户外阳台的功能，让植物可以获得适当的阳光照射，请参考图4-4。

居家园艺治疗设施上方凹槽为注水入口，上方不透明部分可以储存植物需要的水与养分，下方还有LED自动照明设施，当高龄者与家人一起出外旅行无法居家照顾时，可以实时提供植物所需要素。图4-5为居家园艺治疗设施开启自动照料模式，注水与移动方式。

图4-4 居家园艺治疗设施
（图片来源：谭宇伶 提供）

图4-5 左图启动自动照料模式，中图由顶端加水储存，右图为移动情形
（图片来源：谭宇伶 提供）

4.3 园艺与五感治疗产品设计

园艺治疗的课程中强调利用植物的各种质感以及色彩，来达到五感的刺激，学者郭毓仁与张滋佳举例出下列几种元素可以运用。视觉：花、果实、树叶具有不同的颜色和形态。红色、黄色、橙色等鲜艳的颜色，可以振奋精神，蓝色、紫色等让人心神镇静；听觉：树叶随风舞动的瑟瑟声，草随风摇摆的沙沙声，水流动的声音，都有令人心境平和的效果；嗅觉：各种香草的香味、花香，能让人心情舒畅；触觉：植物拥有不同的质地，包括平滑的、粗糙的、绒毛的、坚实的，触觉的刺激可以让脑筋更清楚；味觉：许多植物可以当作食材来运用，例如蔬果、香料植物，可以借此传递正确的养生与正确饮食的观念。

陈东勋运用园艺治疗中刺激五感机制，唤醒高龄失智症患者的感官与脑连接的概念，设计一款适合居家培育且适合五感治疗的植物，上方轨道运用土壤来种植植物，下方轨道以水来培养水生植物。上方轨道的下方配置LED灯，提供光照给下方的植物，请参考图4-6。（本章作者为吴俊杰。）

图4-6 园艺五感治疗花台
（图片来源：陈东勋 提供）

第5章

关怀设计的建筑实践：呼唤历史地理建筑学

——回归地域精神的空间脉络修补式规划设计

5.1 当前建筑回归人性关怀的积极意义

20世纪七八十年代以来，正是全球经济逐渐席卷全球的年代，在这个全球化（Globalization）崛起的大趋势下，海峡两岸等东亚地区也在20世纪90年代以来乘着硅谷（Silicon Valley）连接了欧亚之资讯资本主义相关产业的崛起而逐渐纳入了快速发展的势头。以台湾地区来说，新竹-台北走廊曾一度兴起而成为迈向未来的亮丽希望；大陆地区自1978年改革开放以来，陆续形成了珠三角、长三角与津京冀等的“都会区域”（Metropolitan Region），从而形成了国土层次的全新空间格局。在这样的情势下，各地出现了许多形式绚丽、强调科技时尚感，甚至打上五彩泛光的建筑设计（图5-1、图5-2）。

如此建筑实践固然能为城市增添了相当的光彩，让中心区等地充满了亮丽流明的时尚感，然而，诚如当代知名建筑史家凯尼斯·法兰普敦（Kenneth Frampton）等人所反省者，整体城市除了有这些建筑外，却可进一步增添对于人性之关怀，以避免欧美城市中“经济空间”取代“生活/生命空间”的缺憾。①

有鉴于此，让建筑重新找回其以人为依归的角色便显得相当重要，亦即，让其重新恢复对人性的关怀，以便营造不再物化、异化的空间。就此，西方建筑论述撷取了诸如人类学、历史社会学、人文地理学等的研究成果，早在第二次世界大战战后即陆续有所倡议，诸如“场所精神”（Genius loci/Spirit of Place；建筑现象学用语）、“空间性”（Spatiality）、“异质地方”（Heterotopia）等话语既是其中相当重要的展现，也是对“建筑”的新的

图5-1 上海浦东为全球城市的代表之一
（图片来源：萧百兴 摄）

图5-2 北京国家大剧院，形式绚丽、具科技时尚感的建筑

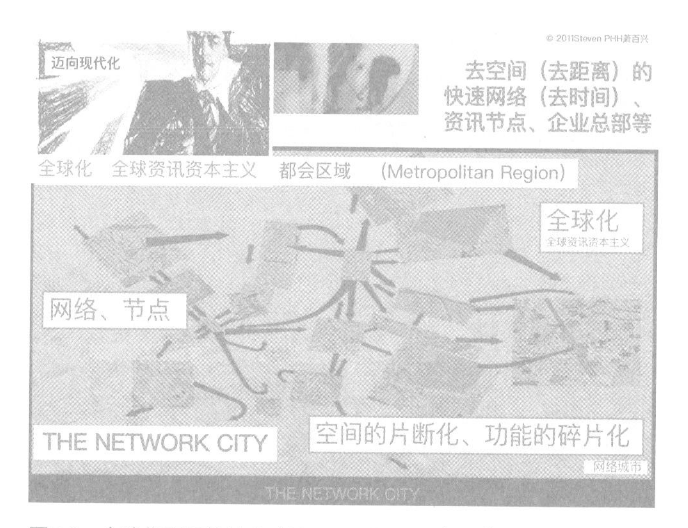

图5-3 全球化下网络社会（Network Society）示意图

① 诚如曼威·柯斯特（Manuel Castells）等研究指出，在欧美的经验中，形式绚丽、具科技时尚感之建筑出现所在，通常是网络社会（Network Society）中所谓的跨国生产与旅游等文化消费的“节点”（Nodes），具有无地方感的“流动空间”（Space of Flow）特质（图5-3）。而在其中的建筑，符合了资本的逻辑，为了吸引观者的眼球，也往往以强调“物的力量”/“欲望的力量”作为最重要的表征，在此状况下，人反而变得不重要了，身处其中，为来回映照的玻璃、镜面等幻影所眩，甚至会失去中心存在之感，而成为去主体的个体。而这其实便是约翰·弗里曼（John Friedmann）所称“经济空间”对“生活/生命空间”的吞蚀，建筑成了资本主义/消费主义的“手”，而不再担负起为人们营造“安身立命”空间的本真角色。

诠释与做法。[①]这些论述，若能加以批判性地转化及继承，让其透过真实实践土壤而接上地气，将有助于找到适应两岸建筑实践的崭新道路。事实上，当前正是两岸经济、社会亟待转型之际，面对着两岸亟待发展魅力乡村以平衡城市过大发展，以及亟须重视历史空间以为现代城乡注入文化泉源的新时势，当前让建筑回归人性的尝试是具有十分重要的意义的，借此，建筑当有机会重新担负起为当代人寻找心灵新故乡的本真任务，亦即，借由跨领域、接地气的整合性创新，建筑将重新担负起为人们打造安全庇护、营构永续环境、提供诗意栖居、扶助产业振兴、协调社会安置、促进民权重构，终而激发文化认同的积极使命。

5.2 历史地理建筑学作为关怀设计的论述发展过程

西方建筑界自第二次世界大战后即陆续对现代建筑寰宇发展而逐渐普同化、失去人性的状况进行反省，并撷取了当代相关思潮以及各领域的知识成就，而陆续发展出了不同的观点。这些观点，固有其价值，然而毕竟生发于西方的土壤，还需透过批判与转化，并与在地的土壤相互对话，方有机会摆脱既往知识传播横向移植的弊病，而发展出真正适合在地、能直面问题的规划设计知识架构。事实上，两岸的规划设计专业者所将面对的，乃是经常在变动的社会与专业现实，故而，杰出的专业者必须具有“理论化现实”的能力——在接地气的实践中总结经验、化为理论，以作为下一阶段指导实践之参考的能力。这样一种理论，乃是一个处于动态过程中的“暂时性参考架构”，其可以、也必须因应不同的历史社会现实而有所更动。

基于如上认识，谨简述研究者偕知识同道透过实践而发展知识之历程以及其间的思想转折，以便于读者精要地承接相关知识精华，又能跳脱大众的认知限制而进一步发展出面对自身独特处境的知识体系。事实上，面对着独特的社会变迁现实，为了比较好地找到专业回归人间的实践道路，研究者借知识同道，自20世纪90年代左右即陆续展开了以实践反刍理论，并以理论指导实践的相互辩证之道。一方面，积极汲取西方建筑与空间论述最新成果，并回溯中国传统文化美学论述中的建筑与空间观点，从而形成了对于建筑与空间论述的整体掌握；另一方面，则从建筑设计的教学实践到实务实践积累相关经验，并与相关的理论相互对话辩证，从而形构成了“历史地理建筑学”的知识论述。这是一

---

① 20世纪60年代以降，乃是空间学域知识论发生巨大改变之际，诚如德瑞克·葛雷果利（Derek Gregory）指出者，这是一波逐渐向脉络性理论（Contextual Theory）、深度空间（deep space）话语迈进的知识论深化过程，在其间，不仅“空间性”的概念被现象学-存在主义学者、结构主义者与后结构主义者相继提出，“区域”或“地域”论述也以“地域性”的深度而跃上了历史的舞台，不仅隐含了对于实证主义空间话语的反省，同时亦在陆续的论述精进中将空间理论与土地、区域、地域及地方这类概念紧紧地联系在一起，构成了空间研究及实践深植人间的坚厚基础。

空间研究中，迈向空间性论述较早登场的是深受马丁·海德格（Martin Heidegger）一脉现象学一存在主义影响的空间性论述，乃是空间研究企图返回土地、追索意义的重要尝试。诸如段义孚（Yi-Fu Tuan）、爱德华·雷尔夫（Edward Relph）、安·巴提默（Anne Buttimer）与大卫·西蒙（David Seamon）等，在结合了摩理斯·梅洛·庞蒂（Maurice Merleau-Ponty，1908-1961）的知觉现象学（The Phenomenology of Perception）等学说后，发展出了以主体-身体为中心的空间论述，认为“场所感”（sense of place）乃是具有特色之空间场所形成的关键。

其次，为了处理现象学-存在主义空间论述社会现实的缺陷，20世纪70年代以降出现了立基于政治经济学的空间批判取向。受到了阿图塞主义（Althusserianism）等法国结构主义马克思主义的影响，诸如大卫·哈维（David Harvey）、奈希·铁木尔（Necdet Teymur）、与曼威·柯司特等分别从不同面向对传统将空间割离于社会的论述提出了改造，试图将空间重新置回与其关系密切的社会以行分析。他们特别提出了空间性的概念以辨明社会结构（生产方式或社会形构）与空间结构间的相应与连结关系。

其后，为了解决结构主义者限于形式主义静态分析的缺陷，除了柯斯特自身曾展开反省外，20世纪80年代以降，在批判理论与诠释学相互补遗的基础上，诸如安东尼·纪登斯（Anthony Giddens）、普瑞德、皮尔·伯度（Pierre Bourdieu）等亦开始将社会理论与实践摆置于时间与空间互相辩证发展的形势中以进行分析，因而形成了一股空间-时间结构化历程的理论浪潮，从而让区域的研究迈向了另一个理论的深度。

段理论与实践相互印证，教育与实务相互对话以回应“社会—空间”现实的过程，现简述如下：[①]

有鉴于台湾城乡差距受全球化冲击而日益扩大、环境逐渐恶化以及城市本身分离发展的窘状，研究者同台湾华梵大学建筑系同道在面对了学校所在之石碇地方优美溪流环境为现代化所侵蚀而既有建筑专业论述却无力回应的困境，遂投身于“建筑人文通才教育”的推动，以期培养出能走出象牙塔的专业人才。此主要借由以建筑现象学为内核之“空间体验”与“多视角图绘”等教学而解放学生的身、心、手，让其养成以“身体经验”为主的建筑感受、认知与再现、创作能力；亦透过对石碇等地的田野调查与行旅教学（图5-4、图5-5），佐以课堂分析，让学生深入“在地草根”现实社会而获致“具体”知识，不仅锻炼学生主动、能动的身体，也培养其认清使用者与空间形式的关系并逐渐建立起批判地转化知识的能力。这一系列贴近土地、深入人间角落的教学实践尽管显得素朴，却透露了实践者以人道社会为本的空间关怀，其虽不免遭遇若干困境，却积累了一定的经验，可说是对建筑设计创作应回归人间现实的初步反省。而研究者在将其与建筑学院设计论述研究成果，以及相关协同研究进行对话后，遂得以初步确立对于空间形式与历史、社会及地理间辩证关系的理解，从而为后续理论的建构奠定了基础。

有此经验，研究者与华梵知识同道遂于20世纪90年代末趁着社区营造运动风起云涌之势，组织了“雾里薛溪文化工作室”，带领学生投入了石碇等地的“社区营造”（Community Empowerment）（图5-6）。以石碇来说，除了持续透过田野调查以发掘文化特色、深入沟通地方发展的期望外，工作室更曾借由“秋凉采风——石碇溪流环境图绘全乡巡回展”（1999）、“发现古道！淡兰古道在石碇：古道探勘暨净溪活动”（1999）、“Bazaar石碇：山街溪畔的生

图5-4 华梵建筑大一设计以建筑现象学为内核之“空间体验”训练

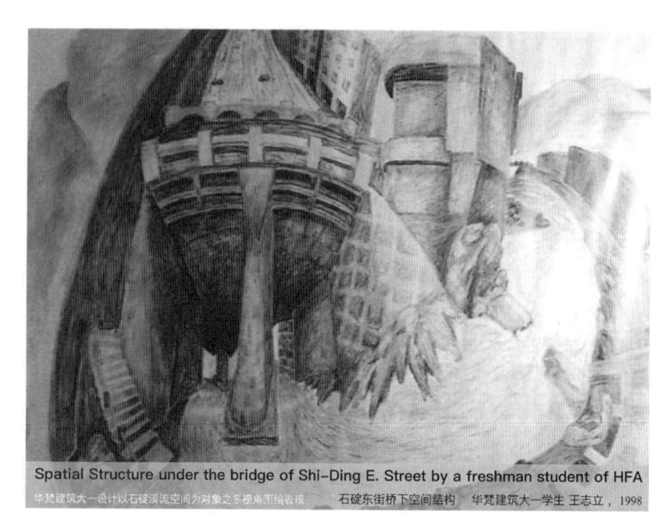

图5-5 华梵建筑大一设计以石碇溪流空间为对象之多视角图绘表现

图5-6 华梵建筑师生成立雾里薛溪文化工作室进行石碇社区营造

① 本节请参阅笔者等如下著作：萧百兴，1995、2005、2010、2011、2014；萧百兴、施长安，2001；蔡继文等，2009。

图5-7 华梵建筑以石碇等地作为田野教学基地

图5-8 石碇溪流巡回展：华梵建筑在石碇的社区营造

图5-9 古道探勘活动：华梵建筑在石碇的社区营造

图5-10 从庆典到兴造：华梵建筑在石碇的社区营造

活美学展演”（1999）、台北县文化节活动策划（2000）等一系列紧扣空间性意义之活动的策划举办（图5-7～图5-10）[①]，并配合文化地图《如果在石碇，一个旅人：山城溪畔的美学散步》（1999～2000年）的制作、《石碇乡志》（2000～2001年）的编纂，以及石碇之心广场工程（2000～2001年）、石碇老街亲水亲山设施工程（2006～2008年）等的施作而突显了场所魅力，并启动、深化了石碇居民对于所在地特色的认知。总体而言，这一系列以文化—空间作为地方再造内涵的历史行动（Historical Action），不仅具有地方社会环境意识改造与文化认同重塑的深刻意义，亦具有期待建构石碇成为“绿意氤氲之大学诗意山境”，以抵御全球平庸化冲击的区域人道自救意涵，乃是大学建筑学院将地方文化视为研究、学习之无穷资源，而地方也借由当地大学之知识挹注而自我提升的空间历史实践尝试。这些实践本身高举了对于“脉络”的重视，曾涉及“社会动员”的操作，更高涨了“修补式规划设计”的原则，乃是一种善用“空间性”技术的实验，具有对既有空间专业（区域规划、景观营造、建筑设计等）囿于实证主义而偏向机能包袱或形式狂

① 比较重要者如“秋凉采风——石碇溪流环境图绘全乡巡回展”（1999年）、“发现古道！——淡兰古道在石碇：古道探勘暨净溪活动”（1999年）、“Bazaar石碇：山街溪畔的生活美学展演”（1999年）、台北县文化节活动策划（2000年）等。

热进行反省的意涵，提供了地方社会以历史魅力、自然可持续性取代推土机式更新发展的另类参考道路，可以说是研究者等迈向历史地理建筑学的初步尝试。

在此同时，研究者亦透过阅读与研究而深化对于空间性生产（Production of Spatiality）论述的理解。此一体系以威尼斯学派建筑史家曼菲德·塔夫利（Manfredo Tafuri）所示之批判历史（Critical History）为理论基础而展开的：除了针对建筑等空间造物进行空间文化形式的掌握外，更将研究对象扩至建筑活动的循环本身，将其视为一种“表意实践”（Signifying Practice）。在此着重“文本”（Text）与“脉络”辩证生成的深度空间（Deep Space）研究体系下，研究者除了涉及学院设计论述等建筑生产之社会制度外[①]，亦在20世纪90年代末配合了社造、规划与设计等实践之需，重新将建筑扩及其所在的聚落、都市而进行研究，关心两岸城乡建筑受现代性冲击而恶化之类问题，期待联系空间历史研究与实践（亦即，理论与实践），建构出历史地理建筑学这类学问，以便探索出回归“地域性”（Locality）、借由空间规划设计等以切入地方魅力重建的可行进路。

秉此关怀，研究者于焉回顾了地域论述，并以“地域性”视野进行城市、聚落、建筑等空间研究，以期突破过往研究比较没看到“总体性”（Totality）之限制；同时，则发展出以“文化研究”（Cultural Study）为核心，兼涉政治经济学及美学论述之“空间文化形式”分析方法论[②]。在此认知下，研究者将建筑等空间性实体置入“地域性”的社会文化与美学脉络去进行分析，从而掌握其空间形式特质，并引以为规划设计等实践的参考。令人惊喜的是，在此迈向历史地理建筑学的探索过程中，研究者发现，西方晚近空间论述所欲归返的人性内质，与汉人自古积淀出的“气化宇宙/元气宇宙”空间论述具有异曲同工的人文关怀，乃是重构为资本主义恶质侵袭之生命空间的重要知识论基础。研究者于是回顾了汉人传统中“气化宇宙”的论述，深究其中主体与空间的互动关系，从而对研究者深入掌握两岸传统聚落等空间发挥了极大的助益。凡此种种，成为研究者教学、研究与空间性营造实践的基础，也让研究者重新找到了“建筑”实践在当代及未来趋势中超越既有障碍的可能性。借此，研究者希望能超脱既有建筑话语经常二分为唯心形式论或功能技术论的认识论困境，而为专业实践建立一个较为宽广的人文基础。

如此论述，脱胎于对实践经验的总结，自然会对研究者当时的实践产生指导性的效果。早在1990年初，研究者即曾参与协同主持了诸如大稻埕迪化街霞海城隍庙等古迹修护之工作，1999年“9·21”大地震后更曾参与集集火车站重建之工作（图5-11），凡此种种累积了对于文化资产空间修护保存的相关知识，其在与上述透过地域性研究与社区营造之教育实践彼此印证所积累的知识互相对话后，扩展了知识的内涵，并成为研究者后续投入以地域性为内核、针对农渔村等具有历史文化空间遗产之聚落研究与实践的重要依据。比较重要者如，研究者在台湾地区科技部门支助下，针对台湾东北角瑞芳、贡寮等渔港聚落做了经验调查与研究，除了厘

① 20世纪90年代，笔者在博士论文《依赖的现代性——台湾建筑学院设计之论述形构（1940年中～1960年末）》（1998）的基础上，对台湾战后建筑学院设计论述之发展、知识论预设、方法论范型，以及其在不同阶段的普同美学传播作用进行了考掘。此项研究，乃是从塔夫利、福寇等一脉论述所启示之深度空间建筑史（Architectural History of Deep Space）角度对台湾建筑学院既有设计论述自我身世的系谱反省，借之可明了不同学院设计论述拨接西方思维的特殊形态，以及其在台湾现实中错落发展的状况；亦即，了解不同建筑设计论述在现代性（modernity）横向移植中的贡献与限制，可说为台湾建筑学院未来从事设计教育、转化性吸收西方论述提供了参考基础。据此，笔者曾将之运用于华梵基础设计等教育实践，具体落实为着重空间主体经验与社会文化脉络之教学操作。

② 笔者致力于“空间”认识论的历史探究，除参酌西方人文地理学相关研究成果，回顾了西方自古希腊以来的空间革命过程，以及在此过程中“建筑”作为一门人文专业兴起的故事外，也将触角伸及美学领域，吸纳西方美学以及中国古典美学养分，俾以作为重新定义“建筑”及“空间”的知识性基础，并引以为批判性建筑史的写作。

图5-11 华梵建筑参与“9·21”大地震后集集火车站重建

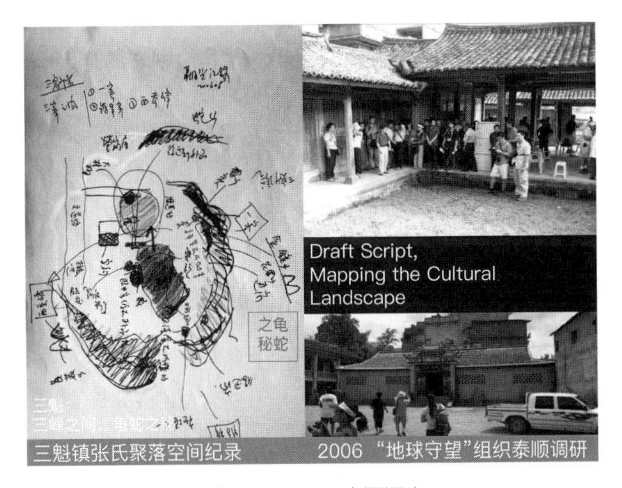

图5-12 华梵建筑参与earth watch泰顺调查

清了地方居民主体生活及生命经验与聚落空间文化形式间的紧妙关系及地域性特征外，更爬梳了当地的文化地景，从而为历史地理建筑学在研究的面向奠立了比较完备的方法论；在此同时，随着2006年与哈佛、上海复旦、上海交大合作参与“地球守望”组织至泰顺调研活动之机缘，研究者亦长期投入了对浙江泰顺地域文化的研究，获得了一定的成果（图5-12）。这些以“地域性”为内核而针对聚落、建筑、工艺、民俗（非遗）等文化对象所进行的研究，梳理了地方空间意义与各种文化事物的关系，指出了其空间美学特征与存在的意义，不仅对地方深入自身的理解产生了极大的帮助，而且在后来更成了研究者参与地方规划设计等空间性实践的不可或缺的基础，可以说具体确立了历史地理建筑学贯串研究与实践的基本轮廓，为研究者面对2010年以后两岸政经产业现实变迁、专业逐渐转向乡村、旅游等规划设计之大趋势提供了坚实的基础。

事实上，随着近年来世局移转下全球政经区域的再结构，[①]既有的专业已被赋予了崭新的角色与任务：一来，除了城市建筑仍需追求深度发展、并因应人性、环保等投入客制化努力外，建筑专业更须处理城乡社会变迁中愈来愈多以农村聚落（包含历史聚落）为主要经略对象的地域振兴计划，亦即，必须透过深入掌握地方文脉，兼具保护与创新内涵而具有整合性的空间实践（常见者如“旅游规划”“农村再生”等），以扶持地方产业、巩固社会和谐并形构文化认同，俾以回应地方对安身立命的吁求；其次，建筑专业必须直面第三世界的环境危机，在尊重地域性、深刻认识传统空间具最进步生态有机观念，并回归人性生活的前提下，灵活而适度运用具有人文内涵的绿色科技以

① 自从2007年环球金融风暴后，各国虽借由量化宽松等政策以维系局面，但除少数地区外，全球经济却日益走向衰颓的景况。即连经济表现亮丽、终而跃为世界第二大经济体的中国大陆，随后也面临产能过剩、经济下行之压力，而不得不谋求供给侧转型以应对挑战。在此状况下，“都会区域”虽仍为施政不可忽视的一环，但其伴随着消费主义所导致的城乡庸俗化与不均衡发展等都市社会问题却也被提上了政治议程，而成了亟须面对的挑战。于是乎，如何因应激烈的国际竞争，借由包含空间改造在内的创新实践以再造产业、落实社会和谐，并形构文化认同等，成为施政的关键考量，不仅影响了建筑专业业态，也形构了建筑专业在当代必须担负的特殊任务。

正因如此，台湾日益跨足大陆地区的建筑产业从20世纪90年代以来即步入快速变迁状况，以代工为主的生产模式逐渐退出了历史舞台；此一趋势在两岸产业密切关联，并重新结构的状况下尤为明显，特别是，大陆地区已顺着一带一路（2013~）及亚投行（2013~）的开展而进入“十三五”（2016~2020）、“十四五”（2021~2025）建设阶段，并回应了中美贸易战的新形势而展开了内外双循环；而台湾地区也日益强调经济转型及地方创生的重要。在此状况下，新建建筑正逐日减缓、甚或失去蓬勃发展的优势，旧建筑（包含历史聚落或建筑）活化再利用（结合室内生活空间设计）结合了安全防灾、绿色永续等议题成为未来台湾建筑设计较重要的业务来源；另一方面，以地方公共空间环境改造，以及旅游、安养、文创等重服务、文化性，以活络地方经济、凝结社会认同为主之企划、设计成为公部门亟欲投注的领域，是专业者驰骋的所在；再一方面，跨领域结合日趋重要，建筑正结合其他领域而发展成前所未见的相关崭新专业，具文化整合能力的跨领域整合专业经理人，也愈发扮演重要角色。而此，挑战了建筑教育的施行。

节能、减碳，并解决气候变迁、环境污染、土石崩流等问题，俾回应现代人期待回归自然以诗意栖居的需求；再者，建筑专业必须适度处理与社会矛盾攸关的空间难题。建筑专业虽不直接等于政治，但若能切入地域特质发展出深度愿景与创意内容，并提供民众适度参与设计过程，却具有折冲社会矛盾的效果，可说是对当代社会亟须落实民权欲求的积极回应；最后，建筑专业必须担负起形塑文化形象的重责大任。

正因如此，研究者等掌握了两岸亟须透过旅游规划等以介入乡村等地域改造活化之契机，凭借着过去参与政策分析、旅游规划等空间实务之经验，与大陆高校、设计院等单位合作投入了浙江、福建、西安、四川、海南等地的空间规划设计，以历史地理建筑学的理论作为指导，借由整合了旅游规划、农业生态、文创设计乃至互联网等的“旅创+”规划设计而根据不同的现实条件，伺机为地方提出空间活化的可能道路。这即是所谓的“旅创+”，其在历史地理建筑学的认知基础之上，进一步强调的是“‘时空间差异化’之‘深度体验美赏活动’中的‘异业结盟’与‘跨界整合’”，主要希望通过有韵味深度的旅程与魅力实质空间的打造，促进地方的永续发展，并将之投入“互联网+”的虚拟空间中，让虚实相互生发，发挥无远弗届的空间性活化效果，从而为人间打造乐活的世界，促进地方创生。正因有所认知，研究者偕华梵建筑知识同道刻正借由大一设计的平台，邀请业师进行示范教学，让师生在“共学”的操作中，既掌握地域特色，又跨界学习不同专业的整合，从而为建筑注入开放而崭新的内涵，并升华为具有在关键点借由创意设计以活化空间、贡献世界的能动专业（图5-13）。

exploring locality through field survey and research papers
借由田调、文献等探求当地地域性并进行旅创等空间规划设计

图5-13 华梵建筑参与闽浙等地规划设计实践

5.3 人文生命经验与地域性：建筑关怀设计的认识论基础 建筑关怀设计植基于对基地人文世界的深刻了解

承传了文艺复兴以来“自主建筑”的论述，传统建筑话语多将“建筑”视为纯粹的自主实体，故而不是沦为建筑大师驰骋个人生命才情的产物，便是被当作是社会文化的“反映”（Reflection），“建筑学”因而失去了与时空现实间辩证对话的人间性与能动性。然而，经过20世纪70～80年代结构主义、后结构主义等思潮洗礼，建筑专业已认知到，建筑并非真空中之产物，而是深深纠葛在人类社会历史地理的发展现实之中，建筑等空间不仅是后者的产物（Outcome），更将中介后者的发展。因此，有必要揭橥一种以历史地理为内核的建筑学，亦即以“地域性”作为研究实体及知识工具的建筑学，以便中介、导引地域的良性发展。

这是一种注重“主体生命/生活经验”（身体与心灵）与“文化脉络差异性”的人间建筑学，也是一种将建筑等空间置于“文化总体性”下观照并进行实践的建筑学，主张应有如下之认识：

（1）应认识到“历史地理”是为“建筑”产生的脉络及内核，同时“建筑”（借由规划、设计、保护等实践形式）也是参与“历史地理”构成的一部分。

（2）应掌握到“建筑”研究与实践的对象是“空间”

（更准确地说是“人文空间”或“空间性”），“建筑”并不等同于“建筑物”，而是一广义的“空间性”指称，亦即，是由人（作为“历史社会主体”/“历史社会作用者”）参与其间所形成的空间产物，既承载了独特的“主体生命/生活经验”，亦满布了“文化脉络的差异性”。

（3）这样的空间性具有不同的层次：可指“室内空间”“建筑空间”“都市空间”“地景空间”等，更可广到指涉石碇、泰顺、台湾地区、英伦等这类大小不同的“地域”或“区域”本身，而此，其实也是传统历史地理研究关注的对象。

（4）“建筑”作为一种“空间的文化形式”（Cultural Form of Space），不仅指涉了实质的存在——“实质空间”（Physical Space），亦涵纳了生活的现实——“生活空间”（Lived Space）与想象的现实——“想象空间”（Imagined Space）；

（5）建筑物作为一种“造物”，如同其他的自然或人文造物，皆是历史地理的空间性“产物”，也是促成历史地理进一步发展的“中介”（Medium）。

总而言之，即是要借由“空间结构图绘”等方法深度地去掌握“地域”等空间，认识到其所具有的“地域性”，以及在其中诸如建筑物等人文自然造物的生成逻辑，以作为借修补式规划设计进行地方魅力营造的重要基础。

5.3.1 地域性：历史社会脉络下地域空间的“整体”展现

两岸农村等城乡地域已经成了建筑等专业者关注的对象，是其必须投入营造之地。然而，什么是“地域”呢？就此，虽说早在19世纪末、20世纪初，苏格兰学者派屈克·盖第斯（Patrick Geddes，1854—1932）即曾提出类似“整体区域”（Whole Region）观点，以便重建人性乌托邦——此论述为刘易士·孟福（Lewis Mumford）所承继；并曾在第二次世界大战前后披上“地域主义”[①]、“批判地域主义”[②]的外衣，而成为环境论述展露“乡土”或“土地”乡愁的重要载体。然而，地域论述得以摆脱既往泛文化论的限制而获得理论深度，却要到20世纪70、80年代之后。为了因应全球经济再结构变局对于地方的冲击，英国“地域性”研究学者提出了地方具有能动性与抵抗性的理论。他们认为，“社会”与“空间”必然存在着辩证发展过程，传统理解下的地方（Place）或社区（Community）概念已无法掌握现实，应以“地域性”概念代替，用以掌握充满差异的地方的现实状况。对他们来说，“地域性”这个空间概念指涉了社会能量与作用力的总和。而所谓的地方特质，乃是在充满了竞逐以及内

① 诚如琼·奥克曼（Joan Ockman）的观察，第二次世界大战结束前后，由于科技终将为人类带来幸福的信念也日渐受到了质疑，地域话语伴同着有机主义、历史主义等亦登上了建筑的舞台，而成了反省现代主义功能宇宙技术挂帅与理性独裁的重要凭借。这种人道主义式的地域主义观点在20世纪60年代时甚至还与反文化运动的乡土建筑（Vernacular Architecture）及环境主义（Environmentalism）诉求相互结合，不仅促成了建筑界对于“没有建筑师的建筑”（Architecture without Architect）的重新看待，更直接具现为阿摩斯·拉普普（Amos Rapoport）等借由《住屋形式与文化》（House Form and Culture，1969）之类论著所张扬的理论，借之，与“乡土”“环境”几乎画上等号的“地域”不仅获得了初步理论性的阐述，同时亦巩固了其对抗功能主义环境冷酷的代表性地位。（Ockman，J. & Eigen eds，1993）

② 20世纪80年代，掇拾了亚历山大·楚尼斯（Alexander Tzonis）与里安·勒费夫尔（Liane Lefaivre）于1981年首先揭橥的“批判的地域主义”（Critical Regionalism）概念，肯尼斯·法兰普敦（Kenneth Frampton）透过《迈向批判的地域主义：抵抗建筑六要点》（Towards a Critical Regionalism：Six points of an architecture of resistance，1983）、《批判的地域主义展望》（Prospects for a Critical Regionalism，1983）以及1985年版的《现代建筑——一部批判的历史》（Modern Architecture：a Critical History）等论著的阐述，将之系统化地建构为一种明确而清晰的建筑话语。可惜的是，法氏尽管曾经批判揭露了建筑所由生产的意识形态根源，也直指了建筑必须处理“文化认同”的任务，却重新滑入了海德格一脉现象学将土地神秘化的进路，在有意无意间被赋予了“场所”意涵的“地域”于焉成了普同身体所暗喻、宣示的乡愁，失去了其真正解构现实、切入现实的巨大动能。

外共同互动的历程中被建构出来的。[①]

如此对于地方的看法，虽曾遭受批评，但其企图将地域研究摆置在动态、具体而具有差异之社会空间过程以进行观察的研究方式却饶富启示，呼应了整体空间学域迈向脉络性深度空间研究的趋势；而其所曾揭橥的地方/空间具有主动性的说法，则可在爱德华·索雅（Edward Soja）等后现代地理学中看到类似影子。拔接了昂希·列伏斐尔（Henri Lefebvre）“空间生产”（Production of Space）的观点，索雅提出了“空间性”以取代既往的空间概念，以指涉“社会的生产的空间，指涉广义定义下的人文地理中，被创制的形式与关系”，可说为英国的地域性论述提供了进一步深化的可能。

综合如上看法，地域性于是可被视为是空间性在区域/地域层次的特殊展现，是地域空间的整体展现，具有整体性（Totality）。其作为一种柯斯特等所称的“空间伪正文”（Pseudo-text of Space）[②]，不再只是时间优位者眼中的社会产物，而是在空间生产的论述实践过程中，具有与社会辩证发展关系的物质性现实。地域性，于是与历史、社会三者同样重要，各占了存有论“三位辩证”（Trialectic）中不可或缺而同样重要的部分，是历史社会脉络下地域空间的整体展现。高度变动而非统一均质的地域空间，于是一方面是社会历史生活之“产物”，同时也是社会历史生活的“中介”。地域性作为地域空间所具有的结构化力量与结果，连同历史与社会，在“日常生活”日复一日反复实践的接系下，成了建筑/空间等论述生产的重要凭借，因此也将是研究空间性生产（包含了空间设计论述等之生产）不可忽视的一环，是历史地理建筑学的研究实体与知识工具（图5-14）。

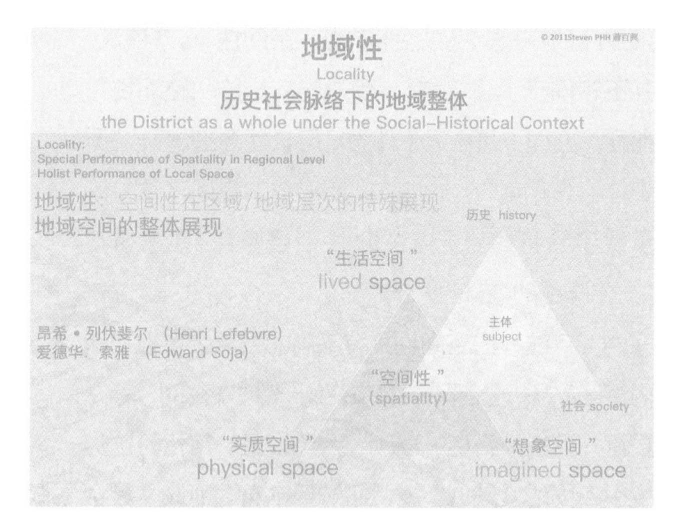

图5-14 地域性（Locality）图示

---

① 虽然早在19世纪末、20世纪初，从苏格兰学者派屈克·盖第斯（Patrick Geddes，1854—1932）提出“整体区域”观点以来，“区域/地域”已陆续被西方空间专业界引以为重建人性乌托邦的重要凭借，并在第二次世界大战前后披上“地域主义”“批判地域主义”的外衣，成为环境论述展露“乡土”或“土地”乡愁的重要载体，但区域研究得以摆脱既往泛文化论的限制而获得理论上的深度，却是20世纪70、80年代后之事。为了因应全球经济再结构变局对于地方的冲击，英国的“地域性”研究学者如多林·玛西（Doreen Massey）、菲利普·库克（Philip Cooke）吸收、改造了安东尼·纪登斯（Anthony Giddens）将“场所”（Locale）-空间视为社会互动场景以及客观结构与主观行动中介的概念，从而提出了“地方”具有能动性与抵抗性的理论。诚如理察·庇特（Richard Peet）指出者，对认为社会与空间必然存在着辩证发展过程的他们来说，充满差异的“地域性”并非只是传统理解下的“地方”（Place）或“社区”（Community），而是指涉了社会能量与作用力的总合。而所谓的地方特质，乃是在充满了竞逐以及内外共同互动的历程中而被建构出来的。（Peet，1998）

如此论述虽曾遭受批评，但其企图将地域研究摆置在动态、具体而具有差异之社会空间过程以进行观察的研究方式却饶富启示，呼应了整体空间学域迈向脉络性深度空间研究的趋势；而其所会揭橥的地方/空间具有主动性的说法，虽会遭受质疑，却可在爱德华. 索雅（Edward Soja）的后现代地理学中看到类似影子。拔接了昂希·列伏斐尔（Henri Lefebvre）“空间生产”（Production of Space）的观点，索雅提出了不同于既往的“空间性”概念，以指涉“社会地生产的空间，指涉广义定义下的人文地理中，被创制的形式与关系”（Gregory，1994：584），可说为玛西与库克的地域性论述提供了进一步深化的可能。

② 雷蒙·勒杜（Raymond Ledrut）提出了空间是“伪正文”（Pseudo-text）的论点，而为马克·葛迪勒（Mark Gottdiener）与亚历山卓·拉哥波罗斯（Alexandros ph. Lagopoulous）等援用发展成社会取向的“都市符号学”（Urban Semiotics），以处理都市空间生产所同时涉及的符号化及非符号化过程。此一观点亦为柯斯特等所借用，以指涉都市空间系在各种草根力量不断介入竞逐过程中被不断改写而成的社会的基本物质向度之一。（Castells，1983；吴琼芬等译，1993；萧百兴、曹劲，2008）

5.3.2 地域脉络中的异质性："主体生命/生活经验"（身体与心灵）与"文化脉络差异性"

地域性指涉了历史社会脉络下地域空间的"整体"展现，然而，地域性具有什么样的内容呢？就此，可以借助米歇·傅寇（Michel Foucault）的相关论述说明之。

傅寇在《不同空间的正文与脉络》（Text and Contexts of Other Spaces）中指出：加司东·巴希拉（Gaston Bachelard）式的现象学研究进路，揭橥了空间中充满了各种品质与奇想，乃是一由"主体生命/生活经验"所构成的世界，故而，空间并非是均质空洞的容器，而是充满了各种因为差异主体经验所形构而成的"异质性"。对傅寇而言，会出现这种异质性，乃是因为空间总是被结构在一组特殊的社会、权力关系之中，亦即，被结构在因为"脉络"而形成的一组关系之中，具有"文化脉络差异性"。不同的空间因而有不同、无法相互叠合的特色、意义存在，而以所谓的基地的特殊方式，展现了自身的特色。

福寇对于空间差异性的强调虽用以说明"虚构地点"（Utopia）与"异质地方"（Heterotopia），却有助于吾人对于"地域性"作为一处地域空间内涵的深化。由于总是纠结在历史与社会辩证发展的特殊地域脉络之中，地域空间自然会积蕴了种种异质性，并借由夏铸九等总结列斐伏尔—索雅一脉话语所称的"实质空间"①、"生活空间"②与"想象空间"③的辩证性运作而展现。在此状况下，每处不同历史社会脉络下的地域性/地域空间内部，其实充满了各个不同的异质空间。这些异质空间作为一处处的"部分"（Parts），诚如空间现象学取向研究者所示，总是借由独特的空间形式（品质、氛围等）而展露出得以为人所体验、感知的异质性，并成为主体驰骋想象的凭借。故而，人作为空间性主体在一处地域空间中，是可以体验、感受出空间中所潜藏的差异特质的。

以研究者曾经短暂造访的浙江泰顺竹里为例，即发现小小竹里中，到处存在着品质特色有所差异的局部空间。诸如幽森而曾群聚举办了三月三歌会的竹林、高耸而引人注目的赤岩寨双塔、潺湲流过村落中央与边缘的门前坑溪流、火种高存之地、村口倚傍着水边竹林的凉亭世界、龟蛇相会一带的小浅瀑与断桥、老公房与老屋尚存的畲汉混居区域、被认为是龟甲的农事劳动田洋，以及周遭环绕的仙池山、水尾宫山、长蛇山、五叶莲花、六格山、西山顶诸山岭等，在让竹里聚落，呈现出丰富的局部特性（图5-15）。

---

① 首先，地域中总是存在着所谓的"实质空间"，亦即是一般的地理学的描述性空间。这是一处看似自然，然而可以度量的物理空间，其虽然表面上是独立而客观地存在于社会历史之外，却是不折不扣政经与意识形态等之脉络性产物。其作为人为自然/意识劳动作用的可能对象之一，人类实践铭刻其上的痕迹并非是全然既定而独立的，其往往提供了空间性差异实践可以滋长的地方，也经常被当作文本，成为不同脉络心灵空间驰骋想象的意欲对象。

② 其次，除了实质空间外，地域空间中总是存在着想象的面像，借由"空间的表征"（Representation of Space），不同的地域中，总是充斥了丰富的"想象空间"，而对地域特色的形塑产生了影响。毕竟，"空间的表征"乃是空间性沿着认知与心灵向度开展的最主要结果。这是一种论述实践（Discursive Practice），其直接承载了人类作用者社群主体深邃而复杂的期盼与意欲，是人类主体透过空间形式等符号表征建构梦想、向过往记忆或将来等未知神秘领域探索曳航的中介与结果。借由人类知觉与感知复杂而分歧的再现（Representation）形式，其往往承载了主体对于特定生活空间/异质地方/表征的空间的价值界定与判断。这是一处充满了"符号象征"系统的"语言""再现"空间，是一处承载了意义语谜的不确定地带——虚构地点，与表征的空间具为"表意实践"（Signifying Practice）的一环。其透过文字书写、口语、图绘、模型、甚至于身体动作等，化为具体的符号影像、认知地图，或是意识形态和观念，往往形成一定的镜像，召唤了对特定"主体性格"的想象，并扮演了社会生活空间性塑造十分重要的角色。

③ 最后，地域空间中亦存在着生活的面向，这是个由特殊社区中之特殊作用者主体组合，以独特身体/感觉结构（Structure of Feeling）及特殊生活方式所形塑而出的"表征的空间"（Representational Space），亦即在日常生活反复实践中被生活出的"生活空间"。相对于其他作用者主体以不同社会日常生活所构成的其他生活空间，在权力透过意识形态等中介的运作下，其具有明显的"异质性"，因而是一个确实存在而充满内外区分的"异质地方/异质空间"。诚如傅寇所言，相对于虚构地点/乌托邦（Utopia），它们是自然的实质空间之外的另一种真实空间，与虚构地点间可能有某种混合的、交汇的经验，可作为一面镜子，具有使真实空间成为绝对真实，使作用者主体得以重构自我的作用。

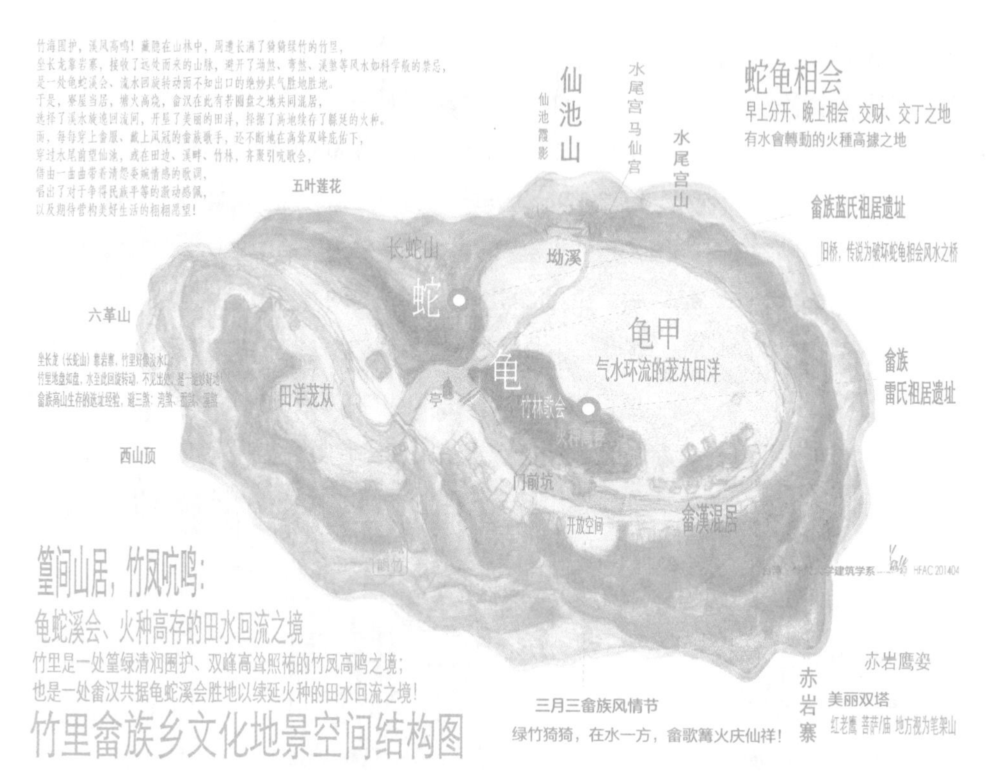

图5-15　竹里文化地景空间结构图

再以泰顺库村为例，除了为土石门墙圈围出的一个个内向的宅第世界外，亦存在着入口柏树下、彰显荣耀的世英门、作为包吴两姓边界的巷弄、标举功名的双心路等不同层次的公共空间，而以浸润了生活、记忆痕迹的形式特质展露出各自的独特性（图5-16）。

图5-16　泰顺文化地景图　历史中库村20090821

另外，以福建屏南漈下聚落来说，除了有罗城、城门楼云路门、羊蹄路、东山牛蹄、迎仙花桥①、登瀛宫、甘氏宗祠、聚宝桥、钱满池、莲花坂、钓住吉利等外，亦有文笔峰/玉壶峰/鼓山、马案山、凤山（后门山/后门岭/侯门岭）、莲花寨、洁霞岭等层山地名，构成了充满了异质空间的空间系列（图5-17）。

总而言之，由于位处于历史社会所纠结的地理脉络中，置身于与人类主体不时借由身体而互动的过程中，地域性/地域空间中总是充满了各种的异质空间，这些具有异质性的空间借由品质、氛围等的形式展现，让生活使用其间的人类主体，得以清晰地辨认出每处部分空间的边界所在，得以发挥各

① 根据《（九版）甘氏族谱：第一卷》，漈下有三十六景：云路门、侯门岭、迎仙桥、峙国亭、聚宝桥、爵阶亭、登瀛宫、凌云寺、飞来庙、郑公堂、墩上洋、洁霞岭、新中牌、旧龙邦、瑶台石、玉壶峰、甘墩坡、崐边砦、广通桥、恩诏门、华丽衙、钱满池、马案山、羊蹄道、嵩顶砦、可谨砦、莲华寨、任砥砦、赢筹砦、桃原砦、飞龙湍、伏凤坡、梁州峦、丹砂岗、美沙堤、倚马礅；另今亦有新漈下八景：朝天马首、眠地牛蹄、金鸡报晓、彩凤朝阳、石龟拱北、蛤蟆上港、曬日文笔、横桥锁钥。以上具为漈下人对空间异质性的体认与命名。

图5-17 充满了异质空间的屏南漈下，远处为文笔峰，又称玉壶峰

种奇想，并借由对其所具有的空间意义的掌握，体现出各自所具有的鲜明特色。

5.3.3 辩证在“异质部分”（Hetero-part）与“意义镜像”（Mirroring Meaning）间的地域总体性

诚如上述，每处地域性/地域空间中其实是充满了各个不同的异质空间的，这些深具异质性的空间的存在，让活动于其间的人类主体，得以清晰地辨认出中心与边缘、上与下、左与右、内与外等潜藏于空间中的各种秩序。事实上，地域性/地域空间中的各个部分空间彼此之间，总是具有一定的结构性关系的，它们，总是借由一组特殊的结构性关系而彰显出自身独特的角色，并形塑出属于地域整体的特性。这些不同的异质空间，于焉是处于整体涵构/文脉中的“部分”。涵构/文脉的存在，让“部分”在彼此的对照中显得愈发清晰，也集结了“部分”而让地域性/地域空间成其为整体，具有了总体特性。

然而，这种由部分集结后所形成的地域文化总体性，并不是部分空间的单纯加总，而是部分以特殊结构性关系所形成的一种总体性存在，是一种永远比部分的加总来得多的整体存在，而以“空间意义”的方式展现了其具体内涵。事实上，也正因为有这种特殊结构性关系的存在，地域空间总是具有不同的文化总体特性，总是具有独特的空间意义，并彰显出独特的空间功能与空间品质。空间功能与空间品质，其实是统摄在特定的空间意义之中的，特定的地域空间意义，也必然借由独特的空间结构（含纳了功能与品质）而彰显出自身的存在。

必须指出的是，地域性/地域空间虽说是一种总体的存在，却非静止的，而是随时处在变动之中的。事实上，地域性/地域空间总是处在历史社会脉络之中的，甚至本身就是历史社会脉络的一部分，任何人类主体的空间实践（Spatial Practice），其实不断地在改变着既成的历史社会现实，也随时在赋予地域性/地域空间以新的意义与新的结构（功能与品质）。故而，柯斯特等会说，空间其实是一种伪正文，其看似总体存在，却非隔绝于历史社会脉络之外，而是历史社会脉络运作的结果与中介。正因如此，地域性/地域空间借由空间意义所彰显的总体性，总是不时与“部分”处在辩证发展的过程之中的。空间意义作为一种镜像，经常召唤了人类主体的独特实践、反映了改造的欲望，从而改变了“部分”的结构特质（空间形式与空间功能），并返过头来左右了空间意义本身的发展。地域总体性，于焉是一种同时包涵了过程与结果的特殊概念，既包涵了部分与意义镜像之间彼此辨证的过程，也涵纳了其所具现的阶段性结果。

如此对地域性/地域空间的理解，将有助于地方社会找到自身特色。研究者近年来在闽浙边区泰顺、屏南一带访查，深深觉得地方上有改变既有思维与发问方式的必要。举木栱廊桥为例，经常看到的是各地在互争谁的桥最长、最早这类的话语，仿佛只要争得了“最如何”的宝座，地方便会因此发光，但事实恐非如此！这样的思维方式，往往也散见于地方对自身的认识及宣传上，研究者通常听到的是诸如“泰顺‘有’什么?”这类问题，而不是“泰顺‘是’什么”，或总体存在是什么的问题！故而，每个地方总说不清楚自己到底是什么？因而也颇难提出符应自身内涵的魅力远景！反之，若能深入地域空间意义的层次，则有机会去回应这类问题，也比较能针对自身特殊情况而找出适切的实践道路。以泰顺、漈下（位于屏南）这些不同层级的地域（或说“地域性”）来说，正是一处处历史与社会汇聚之地理现实，其作为空间伪正文，总是具有辩证在“异质部分”与“镜像意义”间的总体特质，并将以空间文脉（或说“文化地景”）之方式呈现自身。正因如此，泰顺、漈下虽已迈入现代，却仍保有一定环境潜质。其依旧以自身空间的独特尺度与品质铭记了过往农村的人水关系，也透露了泰顺、漈下先民为何落脚于此、立命于此等种种社会发展的可能线索。如此理解，其实有助于泰顺、漈下等各个地方社会找到自身特色并良性发展。毕竟，包含泰顺、漈下在内的每个地方如果说不清楚自己到底是什么，其实颇难提出符应自身内涵的魅力远景与旅游等规划方案！

5.4 任何地景皆是“文化地景”：文化地景是地域性的空间文脉展布——建筑关怀设计的研究方法论开展

拔接了空间性概念，当前空间研究已认知到，“地域性”作为一种“空间伪正文”的形成系深嵌于复杂的历史社会脉络之中，其本身甚至就是脉络的一部分。在此认知下，泰顺、漈下等任何地方/区域作为一处处历史与社会汇聚之地理现实，显将以空间文脉（亦即“文化地景”）的方式而展现自身，并拥有独特的“空间结构”（“空间功能”“空间形式”）与“空间意义”。事实上，若从地域性角度视之，泰顺、漈下等任何区域地景皆将是文化地景，因为它总是承载了人文行动的轨迹，

① 都市社会学、人文地理学等晚近攸关空间的研究相继指出，任何地景，必然是一种“文化地景”（Cultural Landscape），其既积累了不同历史阶段人文社会的制度性轨迹，也承载了不同阶段社会主体对聚落等空间的“生命经验”（“生活的形构”与“想象的建构”），而这再需要透过以历史地理为内核之建筑学来加以掌握，方才有助于深度的实践（笔者在此所提的文化地景，并非当今流行的具有“操作型定义”的文化地景概念）。亦即，要深度地掌握“地域”等空间（文化地景）以及在其中诸如建筑物等人文自然造物的生成逻辑，以作为地方旅游建设的基础。如此理解，有其现实意义，毕竟地方建设的道路是艰巨的，既要顾到居民对于现代化生活的欲求，也要适切进行保护以导向永续发展，故而需深刻理解、掌握地方总体性知识的方法与能力，以作为形成行动方案的基础。

也将积累了各种象征意涵。[①]正因如此，掌握各处的文化地景便显重要，乃是旅游规划等地方各种营造实践是否成功的关键。事实上，若是想让聚落等成为能够召唤梦想的空间说书者，亦即，能勾引起旅人旅游之梦，并具有丰富意义的可读性线索以便让旅客能在旅游过程中感受到丰富故事性与空间之美的地方，对于其“地域性”以及“文化地景”的深掘，实是基础。毕竟，当前空间专业已经认识到，旅游规划中的创造并非凭空杜撰，而是对于地方既有空间文脉积极理解与对应的表意实践。亦即，其必须掌握文化地景，而在前瞻性愿景导引下，如小针美容般对景观进行修补式处理，以便让地方彰显出特有的秀异精神与美感。总之，我们有必要认识地域性在各种空间文脉中呈现的不同面向，谨择要述之。

5.4.1 文化地景形构的最主要几个面向

1.“利用的”及“体验的”自然地景

文化地景并非特指文化门类的地景，而系指具有文化意涵的地景，故而亦包括了向来为科学地理学重视的“自然空间”（Natural Space）或“实质空间”（Physical Space）。诚如索雅所示，任何一处人文地域作为空间性的整体呈现，皆有其自然/实质空间的面向，而且正是在此真实存在的空间的基础上，人类方得以展开其主体性的活动并建构出整体空间性。作为一处“第二自然”（The Second Nature）[①]，地域自然在与人类的特殊互动过程中，成为文化地景形构不可或缺的坚固磐石。事实上，人类主体经常系以“利用的”或“体验的”方式在面对着地域自然，前者乃是将地域自然视为科学客观审视的“物—客体”（图5-18）；后者则视之为主体感兴驰骋诗性的“物色”（图5-19），从而也赋予地域自然以不同面貌，并形成了不同文化内涵的地景样态。举漈下为例，其

图5-18 自然经常被视为物客体成为“利用的自然”

图5-19 识春之花显示了漈下先民将自然视为感兴对象的一面

位于青山绿水之中，除了被视为是文化名村外，亦以其丰富的生态资源而为人称道。以贯穿村落的龙漈甘溪来说，即布置了一些坝堰，显示了当地人将其视为观察利用对象的一面，可说积累了不少属于“利用的自然”的文化地景；并曾吸引一些摄影爱好者以其作为创作对象。在他们以溪流为主题的创作中，不难嗅出地域自然作为物色对于主体感兴经验的召唤。凡此

① 诚如米歇·福寇（Michel Foucault）空间差异性的观点启示，由于总是纠结在历史与社会辩证发展的特殊地域脉络之中，地域空间自然会积蕴种种的异质性，并借由列斐伏尔-索雅一脉所称的“实质空间”（physical space）、“生活空间”（lived space）与“想象空间”（imagined space）的辩证性运作而展现。在此状况下，每处地域空间中，其实充满了各种异质空间，其作为一处处的“部分”，总是借由独特的空间形式（品质、氛围等）而展露出得以为人所体验、感知的异质性。故而，人作为空间性主体在一处地域空间中，是可以体验、感受出空间中潜藏的差异特质的。

种种，皆将构成濂下文化地景重要的基础，有必要予以深掘。

2. 文献、口述、集体记忆中的历史地域

有关时间变迁的历史向度乃是地域特殊空间性形塑的重要面向。任何地域皆是处于时间变迁中的地域，其虽呈现出当下的样貌，却时常残存着历史轨迹，并透过想象而被留存下来，成为与实质形式相对的另一个现实。这是一处处看不见的地域，在其形塑过程中，不同主体的“记忆”显占据重要角色，透过“集体记忆”的特殊组构方式，地域的实质形式即使破坏了，但其在过往历史生活中所曾积累的空间结构及形式特征，却往往被积淀在居民的心灵里，而具现为当下居民主体心灵空间结构的组成部分，是当下地域整体空间意义构成的关键部分，也是文化地景的重要内涵。以台湾为例，《乾隆台湾舆图》中即记载了台湾北部海岸曾被视为仙山之海的历史过往，符合了当前山势嶙峋的东北角海岸经常烟水迷茫的景况（图5-20）；诚如研究者在《前进于蛮荒的远望、监控与宣示及其流演：清代嘉义筑城的空间意义初探》一文中所示，在历史过往中曾被称之为桃城的嘉义城其城墙虽已被人为地摧毁，但桃城作为一种集体的记忆、一种心灵空间的积淀却确实地存在于在地居民的想象性认知之中，而且还经常会在不经意间撩拨了居民对于古老嘉义的意义想象；再以浙江泰顺罗阳附近的上交阳聚落为例，从实际田调经验及家谱阅读可知，清代从福建同安迁居到此的曾氏家族在经年累月的历史生活中不仅已透过堪舆之类论述经营出独特的人文地景，而且也依凭着对于原乡的想望而建构出了上交阳聚落与闽地联成一气的地域想象，其不仅有助于家族内在凝聚力的维持，并且成为家族共同的集体记忆而穿透至今，以至于村里族人几乎皆能以“水流往福建或浙江”之类话语轻易地辨别出上交阳濒临祖坟一带的边界所在：山这边上交阳所在水流往福建；反之则流向浙江（图5-21）；另，经历了甘氏先祖自浙江迁移至此拓殖的历史过往，濂下实积累了相当丰富的历史文化地景。例如，聚落中即传述着与台湾总兵甘国宝有关的故事与空间，是历史空间的可贵资产（图5-22）；另亦曾有过种桑养蚕、苎麻纺

图5-20 《干隆台湾舆图》记载了台湾北部海岸曾被视为仙山之海的历史过往

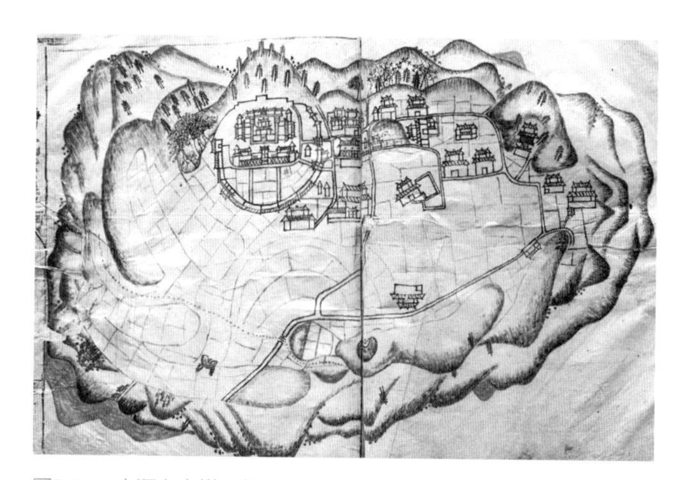

图5-21 泰顺上交垟 曾氏宗谱中聚落图

图5-22 台湾两度挂印总兵甘国宝及其小时候经常练拳的峙国亭（屏南濂下）

织等产业，以及手拉风打铁作坊等，这些产业在过往所曾经形成的空间系统，至今犹仍存在于村民的集体记忆之中，乃是丰富的历史文化地景，而若能适切、精准地予以召唤、动员，将有机会成为可以催动地域空间意义重新集结，而被有深度地诠释的象征。

3. 想象驰骋的象征空间

任何一处地域的形构与想象脱离不了关系，除了上述的历史想象外，各种虚构的想象亦是地域性形塑的重要元素。想象虽可能是虚构的，结果却无比真实。想象空间经常承载了主体的欲望，是地域空间形构的重要面向，也是不可忽视的文化地景。以台湾东北角渔港聚落来说，即盛传着相当多的传说或禁忌，并构成具有地域性的象征地景，例如南雅有轮宝石、莲花礁等礁石的命名（图5-23），再而形成了地方文化地景的重要元素；至于泰顺竹里的龟蛇溪会亦是想象空间；而屏南漈下村亦有这类经由想象形构成的象征空间，例如，当地有“三石镇水”之说法，分别是龙漈溪左上游的“蛤蟆上冈”、右上游的“犁头石”与下游的“蛇龟”（一种龟），其共同拱卫着居间的龙漈水域，形成了居民心灵中鲜明的地理标志（虚构地点），亦是文化地景考察不可忽视的面向。

4. 当前日常生活形构的社会生活空间/异质空间

除了历史性、记忆性等想象构成的文化地景外，任何地域中亦存在着行动主体借由当下社会生活实践所形构而出的文化地景。事实上，行动主体总是透过社会日常生活的反复实践而参与了空间形式、结构及意义的形塑，而此皆将成为文化地景形构的重要面向。如此视野，对于我们观察地域内之弱势或次文化的空间建构尤为重要。以20世纪90年代以降石碇为例，现代化步调虽已逐步侵吞了山街的许多地方，然住在西街的老人，却仍日复一日地坐在集顺庙前广场一侧民居前面，或聊天，或发

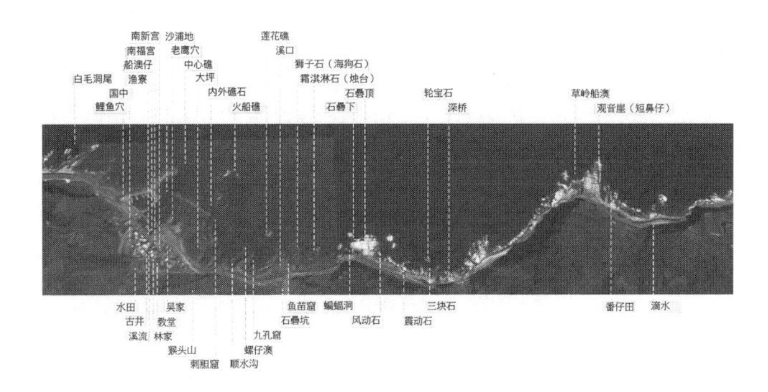

图5-23 南雅聚落礁石的命名透露了居民的生活经验与空间想象

呆，或等待着每日皆会来到庙埕前面的机动性菜车，从而形成了一处西街老人、妇女进行社交的交谊之处，可说是石碇西街部分居民十分认同的看不见的活动中心，值得从文化地景的视野予以掌握；以台湾东北角深澳聚落的蕃仔澳渔港来说，民宅前埕隔着马路与港口码头间即形成一处非常活络的生活空间：其不仅是居民倚坐门庭矮墙而小孩戏娱的生活所在，亦是钓客码头垂钓、外籍渔工闲坐渔船上的生活所在（图5-24）。

而在漈下的例子中，城门一带花桥所在即汇聚了居民的闲聚交谊、婚嫁等活动，[①]溪洋中亦可见妇女洗衣（图5-25、图5-26）。而农田中更可见农作生产，从而展现出一定的生活节奏，并具现为具有独特意义的生活空间，值得就其进行观察与掌握。就此，除了日常的生活之面向外，最为重要的乃是围绕着农业生产所形构出的日常生活空间；也须注意与信仰（马仙等）、民间习俗（含禁忌）攸关的生活空间，其虽非每日发生，却经

① 陈家峒在博客上写道：“村中间的‘花桥’，被誉为屏南县‘最热闹’的廊桥，建于清康熙四十一年（1702年），与古城楼相依，是全村群众的活动中心。按漈下村的传统，所有甘姓男子娶亲，一定要先偕同新娘步入城门，环绕城内一圈，才能进自己的家门；甘姓女子出嫁时则要绕城内一圈，然后再出城门而去，以求吉祥如意。这一风俗，至今依然流传”参见陈家峒，《屏南漈下廊桥》，“尘土挥扬”博客，2013-10-03 00：00：50贴网（20141020读取：http：//blog.sina.com.cn/s/blog_4fabccf90102e3sy.html）。

图5-24 深澳渔港码头活络的生活空间，2012年

图5-25 屏南漈下花桥上的闲聚交谊

图5-26 屏南漈下溪洋中妇女洗衣

常在重要节日为聚落燃起生活高潮，从而构成文化地景的重要元素。

这是一处处由地域社会中具有特殊感觉结构的作用者，借由独特日常生活所构成的表征的空间，而在其生产过程，不仅经常改造了真实的自然空间，也将重塑心灵空间，而共同成为一处地域独特文化地景的重要元素。相对于虚构地点或乌托邦（utopia），它们是实质空间以外的另一种真实空间，可以与虚构地点共同形成一面镜子，具有使真实空间成为绝对真实，使作用者主体得以重构自我的作用。①

以上述石碇西街为例，集顺庙侧边妇老日常聚集生活空间的存在，相对于石碇日渐被现代化所渗透的其他空间（特别是潭边村九层楼大厦一带）而言，具有一定的异质性，它的存在不仅让西街妇老可以在与其他社会作用者相互对照的情形下照见自身存在的样态，也构成石碇小镇整体不同于其他更为现代化城镇风貌的重要因素。故而，对于这类异质地方作为文化地景的深刻掌握是重要的，其不仅有助于吾人看到潜藏而为西街妇老所认同的看不见的活动中心，也将使得专业者在推动诸如石碇这类边远农村进行文化产业再造的过程中，犹有机会透过社会文化空间中介的细腻提供，而为居民保存诗意栖居的可能。

5. 为制度穿透的权力空间

空间即是社会，反之亦然，任何地域特殊魅力的积累与其权力运作是脱不了关系的。毕竟，一个地域中的社会并非均质的，而是充满了不同社会主体及力量穿透、切割的痕迹。其不仅构成了特定地域中一定的社会关系，形成社会权力结构，也具现为一定的空间关系、空间权力结构，而这便相当程度决定了地域的形构以及空间意义的可能指向，并左右了文化地景的构成。以作为甘氏从浙江移入后的开基村漈下来说，地方上即存在着以甘氏为主之地缘宗族的社会力量，从而左右着地景结构的展现，其不仅具现为漈下村内部的空间结构，更形成了与龙漈溪沿岸诸如小梨洋、洋头寨、坂兜、门里等其他甘氏聚落间的整体关系，必须加以掌握（图5-27）。毕竟文化地景之文化，不是用以区分精英或凡俗，也不是用以评论高下，而是用以指涉每种不同地域地景作为空间文化形式所以形塑的具体内涵。事实上，对这类文化地景的掌握是重要的，唯有如此，空间专业者方能准确地看到地域发展的结构性力量，以及其所将透过特殊论述而中介的主流欲望。借之，空间专业者方有本钱介入地域意义竞逐的过程，并透过功能与象征的双重空间操弄，进行意义的撩拨与干预，以期理想社会空间的到来。

① 由于这种由特定主体透过日常生活所形塑而出的表征性空间相对于其他作用者所形塑而出的不同生活空间，在特殊社会权力脉络的运作下具有一定的异质性，故而是一处处具有内外明确区分的“异质地方”。相对于虚构地点或乌托邦（Utopia），它们是实质空间以外的另一种真实空间，诚如傅寇所言，“它们确实存在，并且形成社会的真正基础一它们是那些对立基地（Counter-sites），是一种有效制定的虚构地点，于其中真实基地与所有可在文化中找到的不同真实基地，被同时地再现、对立与倒转。”换言之，其与虚构地点间“可能有某种混合的、交汇的经验，可作为一面镜子”，具有使真实空间成为绝对真实，使作用者主体得以重构自我的作用（内文中引言引自陈志梧译（1993d）（Michael Foucault 原著）〈不同空间的正文与上下文（脉络）〉（Text and Contexts of Other Spaces），夏铸九、王志弘编译，《空间的文化形式与社会理论读本》，1993/03增订再版，台北：明文书局，pp.403。）就此镜像效果，福寇说道：“镜子是一个无地点的地方，故为一个虚构空间。我在镜面之后所展开的非真实的、虚像的空间中，见到了其实不存在那里的我自己。我在那儿，那儿却又非我之所在，这影像将我自身的‘可见性’赋予我，使我在我缺席之处看见自己，这乃是镜子的虚构空间。但是，就此镜子确实存在于现实之中而言，它则是一异质空间，镜子相对于我所占有的位置，采取一种对抗。从镜子的角度，我发现了我于我所在之处的缺席，因为我见到自己在镜子里。从这个指向我的‘凝视’、从镜面彼端的虚像空间，我回到自身；我再次地注视自己，并且在我所在之处重构我自己。镜子作为一异质空间的作用乃是：它使得我注视镜中之我的那瞬间，我所占有的空间成为绝对真实，和周遭一切空间相连结，同时又绝对不真实，因为要感知其存在，就必须通过镜面后那个虚像空间。”Foucault，M.（1986）“Texts/Contexts of Other Spaces”，Diacritics，16（1）（Spring），pp.22-27.；中译主要参考王志弘（1994）〈理论的镜子〉，《建筑与城乡研究所通讯》，第五期，1994年11月，47-50页。

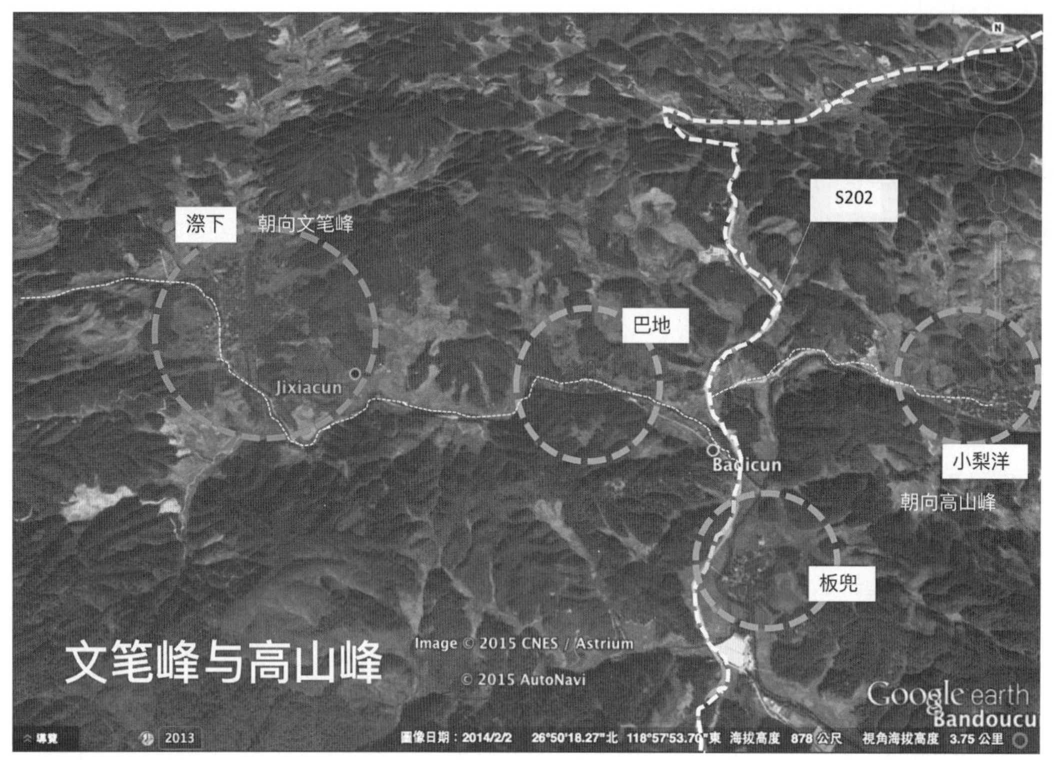

图5-27 屏南漈下与周遭村落的紧密关系

5.4.2 地域意义、地域类型与文化地景

文化地景的形构虽可大略分为如上几个面向，每个地方大略也可就如上几个面向去审视其所具有的文化地景，但这只是提供了一个观察、分析的权宜进路，而不宜硬套。对每个地方地域性与文化地景的掌握仍要回到地域意义的层次去进行“总体性”掌握，并根据脉络所具有的特殊性进行分析（甚至分类），从而理解不同地方文化地景的特殊性，并进行内容的阐述。

以台湾东北角瑞芳区现存的鼻头、水湳洞、南雅与深澳四处渔港聚落来说，其文化地景的形塑与生存劳动如何转化洋海自然恶劣气候的挑战息息相关（水湳洞受此限制相对比较小），相当不同于其他类型以文化、教育、宗教、政治等为主的聚落或城市：鼻头聚落地域性之形构主要系围绕着在地居民如何凭借自然地形之人文化（鼻头）以感测自然，以回避危险并撷取、转化了洋海恩典，鼻头聚落因而满布了伴随着入寮散寮、咸淡交融二元生活与想象结构所形构而出的文化地景，并借由超现实异象而彰显出属于渔业劳动生存深义的时空美学；水湳洞长时处在传统农渔与现代化工矿并列、对话的生存处境之中，在领略到洞水潺流所蕴含的生机后，聚落借由出入于坑窟内外、来往于丘海之交的生活与想象结构，形构出一脉脉窟墟裂据、沙海凝视的文化地景，并彰显为坑水机蕴，濂湾金耀的地域美学（图5-28）；素以田水及渔业维生的南雅，面临了如何将东北季风所带来之强浪湿雨转为生存丰泽的挑战，于是开展出了接雨听潮以聚迎流水、版筑以坚避湿淋浪海的双元生活结构，不仅在此基础上开展出了朝山面海，溪洋（埔岩）一体的文化地景，并蔚为气宇潾敛、静动交泰的整体地域空间美学（图5-29~图5-32）；至于深澳聚落，乃是在借由具有社会张力的双澳（番仔澳、深澳大社）以探测港湾农交渔矿之利

图5-28 水湳洞具有结合了山海传统与现代劳动地景的空间结构及美学

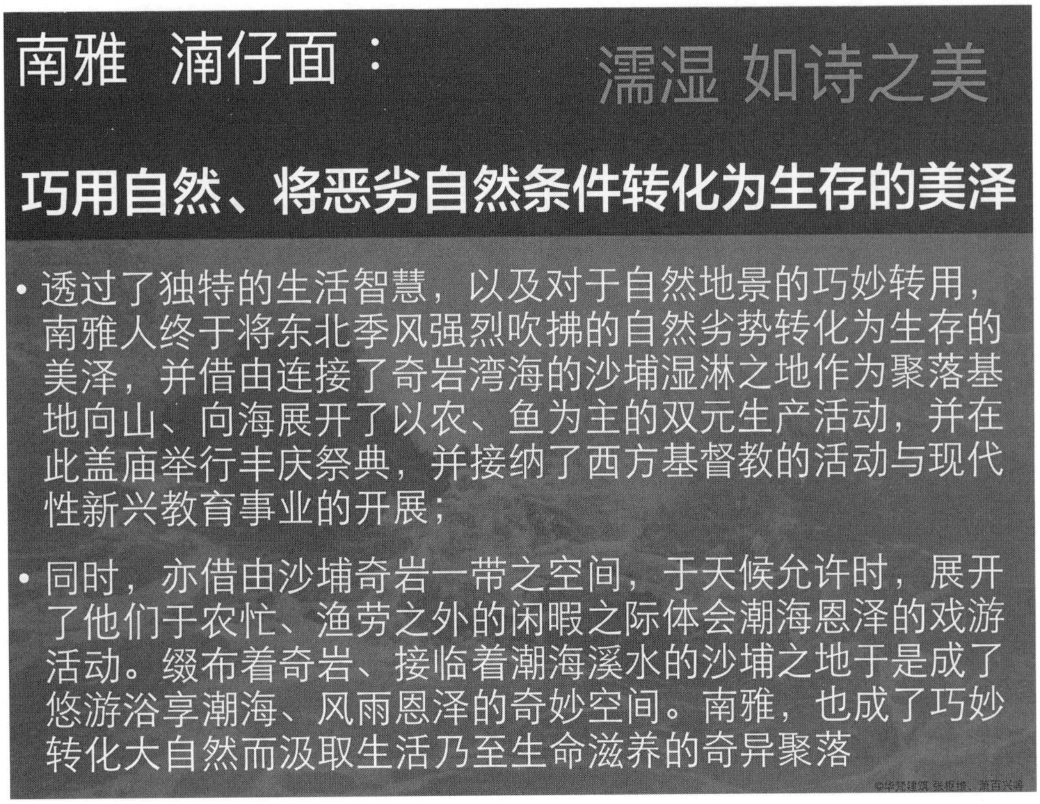

南雅 湳仔面： 濡湿 如诗之美

巧用自然、将恶劣自然条件转化为生存的美泽

- 透过了独特的生活智慧，以及对于自然地景的巧妙转用，南雅人终于将东北季风强烈吹拂的自然劣势转化为生存的美泽，并借由连接了奇岩湾海的沙埔湿淋之地作为聚落基地向山、向海展开了以农、鱼为主的双元生产活动，并在此盖庙举行丰庆祭典，并接纳了西方基督教的活动与现代性新兴教育事业的开展；
- 同时，亦借由沙埔奇岩一带之空间，于天候允许时，展开了他们于农忙、渔劳之外的闲暇之际体会潮海恩泽的戏游活动。缀布着奇岩、接临着潮海溪水的沙埔之地于是成了悠游浴享潮海、风雨恩泽的奇妙空间。南雅，也成了巧妙转化大自然而汲取生活乃至生命滋养的奇异聚落

图5-29 南雅聚落将强浪湿雨转为生存的美泽

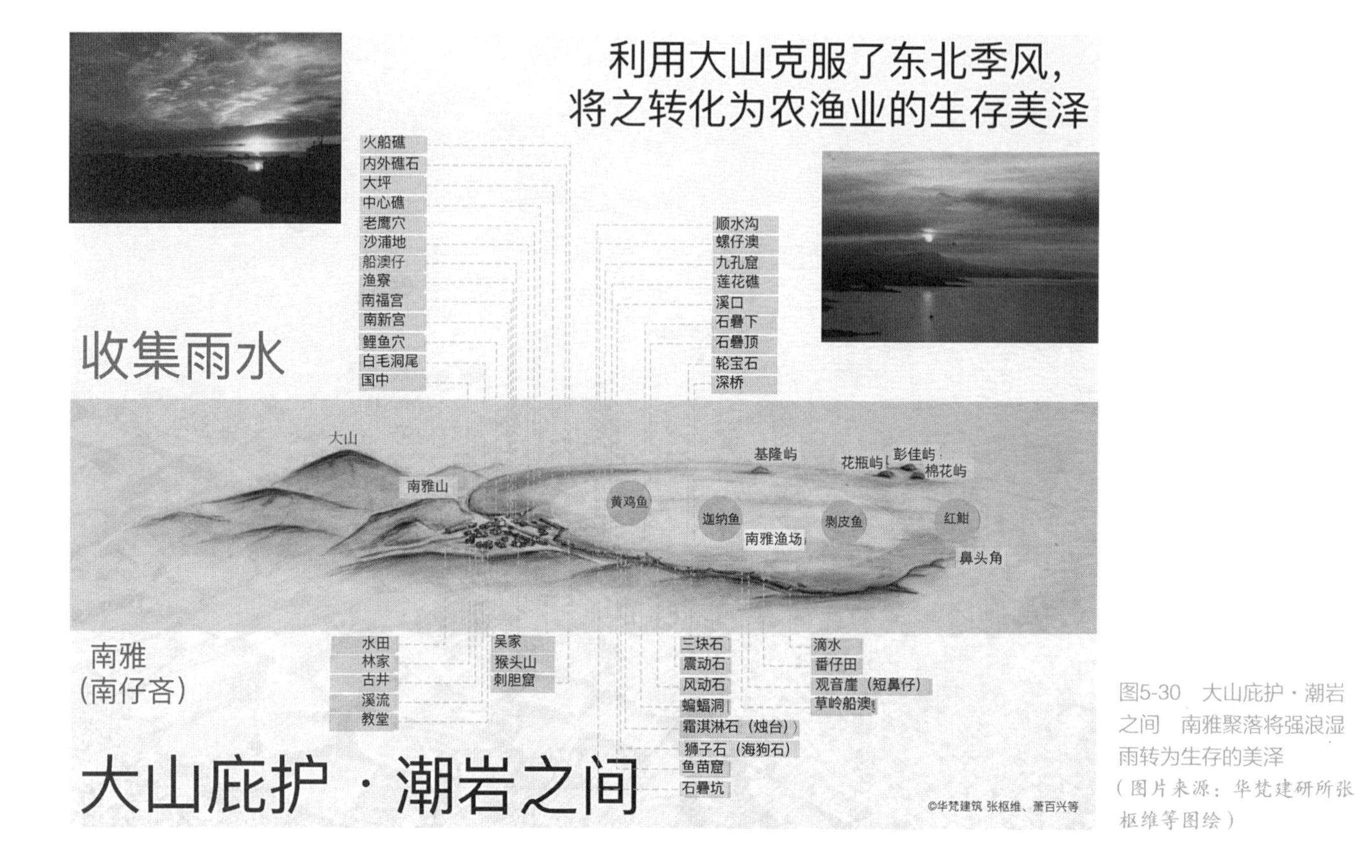

图5-30 大山庇护・潮岩之间 南雅聚落将强浪湿雨转为生存的美泽（图片来源：华梵建研所张枢维等图绘）

图5-31 文化地景—南雅聚落将强浪湿雨转为生存的美泽（图片来源：小图为华梵建研所张枢维等所绘）

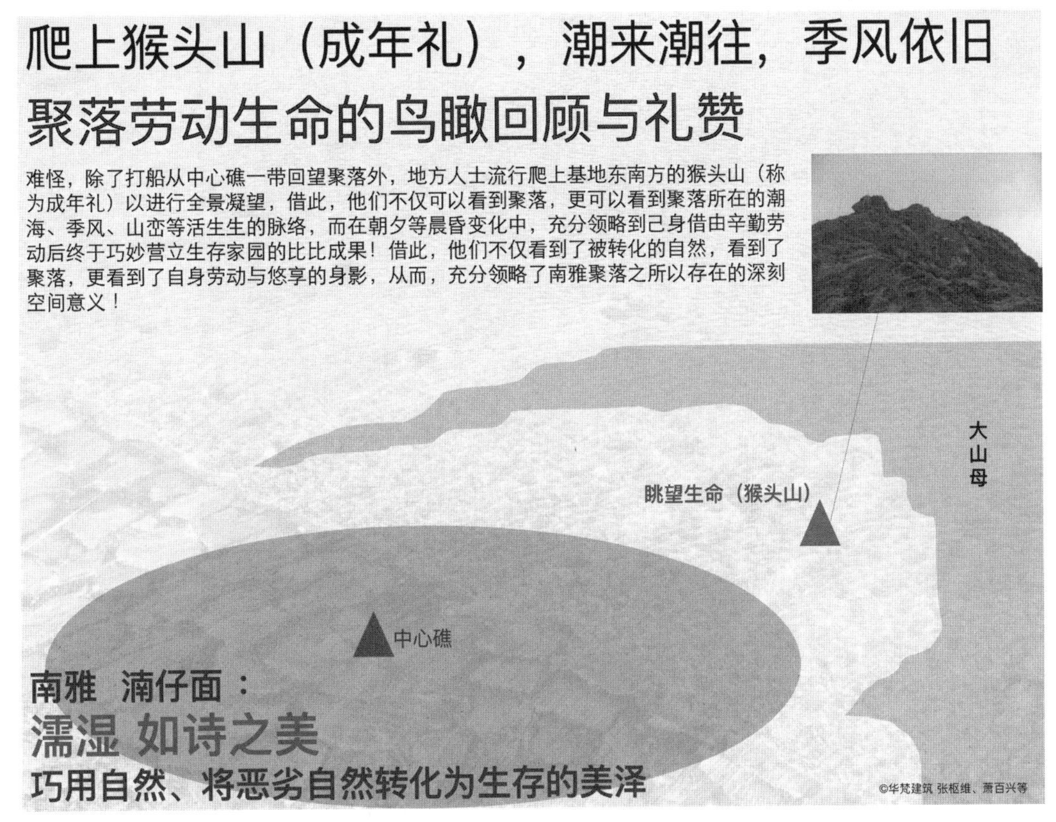

图5-32 爬上猴头山的生命礼节与空间之美 南雅聚落将强浪湿雨转为生存的美泽

的历史进程中逐步展开。以地曳网与焚寄网为主的近海渔业、交通运输、农业乃是传统深澳聚落建立的最主要内涵，其连同了当地以石将军、土地公与妈祖为主的独特民俗信仰，以及居民缘海、贴近礁岩沙埔而生的独特社会生活经验，可说是当地双澳既差异又联合一气之文化地景得以形构的最主要元素。此外，战后的矿业与台电火力电厂等，亦形成了深澳聚落内社会空间的关键元素。这些不同的历史社会力量构成了差异，甚至具有张力的地景，而赋予深澳空间以丰富的内涵；同时，并在一起临海望向大山与日出、一起面临东北季风吹拂之类的经验中，建构了类同的生命经验，从而成为此一湾澳聚落彰显自身成为一体的最重要基础（图5-33）。

明了若此，各地方地域性与文化地景的掌握仍当回到地域意义的层次去进行整体性的理解与爬梳。就泰顺地域的例子来说，宜掌握泰顺人在移垦过程中与水周旋经验之特殊脉络，爬梳其因而积淀出的独特聚落结构与灵明太清的空间美学；若就屏南漈下的例子而言，则须爬梳其在宗族、农耕、甘国宝诸文化交会脉络下，所积累的独特聚落意义，并进行其期待如玉般莲瀛福漾之空间美学的研究。若此，方能对泰顺及屏南等地域后续的保护实践，作出适当而巧妙的贡献。

5.4.3 意义与类型——“物”（Thing）作为一种集结世界的空间文化形式

除了整体的文化地景外，亦当落实到对城镇聚落中建筑等“物”的理解，以掌握建筑形式的秘言，并理解其作为文化地景一环与地域性间之紧密关联。毕竟，上述泰顺、屏南、台湾东北角等城镇聚落全境空间意义（地域性）之彰显，乃是与各建筑（建筑群）之空间单位息息相关的。城镇聚落等地方中的建筑并非是无意义的纯粹量体，而是承载着特定历史记忆的实体，是涵纳了异质地域特殊发展的“空间文化形式”，具有让居民

图5-33 在深澳眺望日出时的大山（2014年鸡笼山）
（图片来源：纪信豪 摄影）

追溯既往、联结当代与过去文化时空的积极潜能。以李泽厚在《美的历程》《中国美学史》等书中基于积淀说发展出的“有意味的形式”（Significant Form）[①]分析概念看来，建筑形式（建筑物）其实是具有丰富的社会内容的，亦即，是一种“有意味的形式”，必须被回置于历史社会脉络中予以理解。正因如此，诚如马丁·海德格（Martin Heidegger）现象学的观点所示，其乃是一种在苍穹之下、大地之上、人群之间与神明之前的“物”，经常具有着“集结世界”（Gathering the World）、照料与保全地域生命发展的积极作用。

以遍布浙江泰顺山区俗称为“蜈蚣桥”的编木拱梁廊桥来说，其桥身借八字形体如神龙般从两岸纵跃溪谷、在中心“合龙”后上通气宇，而后又似蜈蚣般以显山/歇山屋角昂首回看桥头大地之绵延、生动的曲律形式，即承载了当地移民凭借着智慧与洪水等灾祸成功周旋，而终如长虹映水般得以通行外地、安居溪山的历史生命经验与特殊意义，具有让聚落地域性开显的积极作用[②]（图5-34、图5-35）。再以屏南漈下村中位居关节，而被命名为“花桥”的木平廊桥来说，即具有联结两岸，让居民闲憩其间，而将村落总体聚集为一处以溪流为中心之花好月圆美境的积极功效。有意思的是，花桥又名“迎仙桥”，占据了聚落当年被视为仙气潆洄的溪流之上，并连系罗城通往祭祀马仙的“登瀛宫”（又称“龙漈仙宫”“马氏天仙殿”“瀛仙宫”俗称“仙奶殿”），令人想起了当地传说中，“‘叶’大郎”曾持花以迎接马仙而成为后者马夫的故事，花桥因而代表了漈下作为自然之地所蕴生的精华，而要以自身最美丽的姿颜有如马伕般迎接马仙，前登仙洲[③]的深刻意涵（图5-25）。故而，其形式看似简朴，却曾在构件上满布花饰，同时

① “有意味的形式”的概念原出自克乃夫·贝尔（Clive Bell），李氏虽借用了此概念，却根本地改变了它的内涵。参见李泽厚（1986），《美的历程》，台北：元山书局，1986年出版。有关形式论述，参见萧百兴、曹劲（2008）《有意味的形式：历史城镇规划再造的建筑空间美学方向初探》，收录于中国建筑学会建筑史学分会、河南大学土木建筑学院、河南省古代建筑保护研究所合编，《建筑历史与理论（2008年学术研讨会论文选辑）第九辑》（中国建筑学会建筑史学分会、河南大学主办、河南省古代建筑保护研究所合办，于2008年10月27日—10月28日假河南·开封·河南大学举行之“历史文化名城的保护和利用——中国建筑史学学术研讨会”会议论文集），北京：中国科学技术出版社，PP.18-26。

② 参见萧百兴，2014年4月，《蜈龙化虹的生命升华：小说泰顺木拱廊桥》（Metamorphosis of CENTIPEDES INTO Rainbow Dragons: Recounting the Survival Stories of Taishun Arch Lounge Bridges against Floods）汉英对照，杭州：西泠印社出版社。（2013年11月曾刊行试行版）。

③ 亦即，漈下先民借由龙漈仙宫之构筑而转化原本不利之地所营造出的莲瀛胜境。

图5-34 泰顺蜈蚣木拱廊桥 有意味的形式

图5-35 泰顺蜈蚣木拱廊桥 有意味的形式

更以如厝般平实的姿态，[①]扬升两翼双层风雨板，连同了两端入口的显山屋檐，形成了一种低斜而后向上扬起的轻盈之感，或许具有模拟花开时花瓣轻绽的美感？[②]

是故，援引、拔接、改造塔夫利等一脉之“深度空间建筑史”(Architectural History of Deep Space)的阶段性成果，从“历史地理建筑学”之视野对其进行“意义”与“类型”的掌握实系重要之事，亦即，在掌握建筑物历史文化意义的前提下，进行空间文化形式的分类，俾以作为理解与操作的基础。毕竟，对于聚落中建筑物之深度掌握将紧密牵动城镇聚落旅游再发展中“空间象征”的营构，若能巧妙施为，将具有燃点村落整体愿景的巨大效果。

5.5 文脉修补与意义点化：建筑关怀设计的创作论

地域性乃是特殊历史社会脉络的产物，其作为一种空间伪正文，总是在真实社会历史的发展中积累了丰富意义，而具现为文化地景。对其之掌握，将有助于吾人回归建筑关怀设计的创作论，在贴近现实前提下，提出具有创意的远景，借文脉修补的方式进行规划设计，以启动地域振兴。

5.5.1 以植根于阅众的“议题”取代“风格”：规划、设计作为一种“写本实践”

规划、设计乃是一种表意实践，纠结了静悄悄却又实质存在的社会权力面向。以往的建筑论述主要以大师作为英雄崇拜对象，崇尚的是以建筑形式创作为主的作者论，呼应的是18世纪法国专制皇权借由“皇家建筑师”制度所欲表彰的绝对形式意欲。然而，建筑师由皇权所支撑的绝对权威已消逝在日益世俗化与商业化的历史之中。不仅资本主义剥夺了建筑专业的英雄荣光，蓬勃兴起的民权意识也愈发销蚀了建筑师可以借由专业圈围而遂行的权威。故而，时至今日，虽仍有精英建筑师乘着全球化力量而在都会区域中散播作者论的英雄主义话语，却也日益在地方营造面向上兴起了着重人民福祉的参与式设计论述，呼应了20世纪70年代以来后结构风潮对于建筑空间作为“正文”(伪正文)，而非作者心智产物的认识论转变。

① 从聚宝桥上桥联“厝桥雄壮美如虹”的语句看来，滦下亦如寿宁般把廊桥称为“厝桥”？但具有不同的形式表征。

② 或因如此，此桥会被名之以“花桥”，并在接邻明代城门门楼下的地面铺上了一副具有花好月圆隐喻的图像（此半圆在地方上又被称为“三层肉”）。

而此，恰恰是历史地理建筑学创作实践论中重要之一环，着重历史地理等脉络的建筑学自然须重视草根社会的声音，须掌握其所遭遇的社会空间问题。如此概念，强调的是一种对于阅众/使用者的重视，认为建筑等文化作品的完成，并非原创者能全然支配，而须置放至使用、欣赏的脉络后由阅众/使用者共同完成，可说具体呼应了日益高涨的民众社会对于空间权力的具体要求。在此前提下，建筑等空间文化形式于焉成了一种贺龙·巴赫德（Roland Barthes）所谓须经过使用者等共同界定的“写本”，设计于焉脱离了单向创作“读本”（Lisible or Readerly Text）的命运，而成了一种“写本的实践”（Practice of Scriptable or Writerly Text）。

在此认知下，地方空间营造将不再被视为只是实质形式的视觉性改造，亦即，不再把形式自主的唯心风格当成规划设计的最关键要务，而是将议题的开发视为规划设计的最重要核心，希望透过基地调查、问题与潜力分析、愿景拟定等过程，将地方营造确立为一种“议题取向”的规划设计进程。毕竟，地域营造并非只是一种唯心式的主观游戏，而必须面对不同阶段历史社会阅众/使用者在空间性中所整体形塑的现实。简言之，规划设计应该以问题的整体性解决作为取向，并被视为是一种写本的开放性实践。

5.5.2 借由各种形式的“深度”参与式设计带入阅众语境以掌握“地域性”

规划设计等地方营造乃是一种写本实践，故而，有必要透过各种形式的参与式设计带入阅众/使用者的意见。此包括了专业者透过田调对阅众话语的搜集，也涵括了大众或小众设计讨论会等，务必视地方具体状况灵活运用，让各类民众的声音能够被听到。就此，参与式设计是具有前瞻进步性的，因为其将会让阅众对于地方的经验和话语有机会进入空间决策机制之中：一方面，阅众对地方一手的空间经验将有助于专业者对于地域性的掌握；同时，其对地方发展等的期待，也将是未来愿景形塑的重要基础。融入了阅众话语的未来地方，因而比较有机会成为一个具有认同意义的魅力地方。

然而，将参与式过程视为一种机制不代表专业者应采取多元主义立场，因为，如此被奈希·铁木尔（Necdet Teymur）称为“专业者极小主义”（Professionalist Minimalism）的立场看似摆脱了作者论的限制，却反向采取了一种不重理论而只强调实务的实质规划立场，规划设计于焉容易沦为只是一种满足使用者个别功能需求的套公式行动，全然背离了规划设计作为一种意义空间形塑的初衷。事实上，专业者虽不应将唯心武断的价值强加给地方，却有义务指出地方所具有的深刻地域性潜力以及规划设计所可能形塑的意义空间指向，俾以作为建设性对话的基础，而此，端赖对于空间地域深度解构与掌握的能力；亦即，专业者必须充分理解阅众所提资料，作出分析、总结而后升华为对地方的深度认识并作为规划设计魅力愿景提出的基础。

研究者过往在石碇等地的实践，即透过灵活的民众参与方式而掌握资料，从而为后续实践提供了坚实基础。可以这么说，透过与使用者在不同场合、不同方式参与过程的对话，研究者大体掌握了石碇小镇经历历史社会过程所形塑出的独特语境，并了然于新的规划设计动作所将对聚落空间性造成的改变。

5.5.3 “脉络修护”作为一种局部时空涉入的整体性建筑哲学

在现代性进行寰宇侵扰前，每处地方基本上都有各自鲜明的特色。现代性虽可能为地方带来文明果实，却经常造成地域特色磨蚀的扁平化后果。吊诡的是，由于长期处于知识话语横向移植的依赖处境之中，深受西方现代主义洗礼而以奇炫、更新作为基本价值的建筑等空间专业，基本上是忽视地域存在的价值的，地域甚至经常是被等同为保守、老旧的代名词；其在第二次世界大战以来虽曾几度发出重视地域的呼声，但囿于“纯粹空间”的认知，却无由深入掌握地域性的特殊魅力。空间的规划、设计于焉跳不出形式武断或功能复制的操作模式，而无从发挥其协助地域释放潜能以便表露本然真义的积极性角色。而此，对两岸现今被嵌殖于全球化的处境来说，实属不利，因为，一旦地方的本然特色为投机等现代性所掏空，地方本身也就成了极易被取代的庸俗产物，而几近失去其赖以重拾生机的竞争力。

有鉴于此，地域规划设计最重要的任务其实不是要发明什么，也不是要借由新奇事物以彰显专业者紧跟时尚的“虚假进步性”。而反倒要借由以规划设计为主的营造实践，为地方重塑其足以在全球化处境中赖以保存发展的生机。亦即，借由地域脉络的归真重构赋予地方以深刻意蕴的魅力，以便让其能抵御商业世俗化与庸俗政治的无情淘洗。

历史地理建筑学原则上主张摒弃大动作全然更新之手法，而偏好有如小针美容般之精准外科手术的修补式设计。这是一种着重点滴处理的营造方式，其处理者看似只是小量而局部所在，但若能掌握关节之处，却经常可以产生四两拨千斤的转变效果。这乃是因为，所谓的“修补”固然包含了实质层次的形式操作，却更是意指了对空间形式看不见之“脉络总体性”的处理。而空间一旦被具有创意而切中深意地操作，则将产生潜力全然释放而意义无穷生发的奇妙效果。

所谓的“修复”，于焉成了一种借由“局部时空”涉入“时空整体转化”的建筑哲学，其看似简易、更常出之以减法原则，却需极为精准而前瞻全局的功力。也正因为有此认知，石碇实践中，研究者在考掘空间潜力后，会试图进一步借由议题分析寻出氤氲石碇作为“一处台北东南近郊充满精灵遐想的真情后花园”的整体愿景，并借由“氤氲流动中的永恒光影”这类构想的驰骋而编织出“真情石碇，石定终生”这一未来石碇的可能空间语境，俾作为修复式营造赖以局部推动的根本参照准则。

5.5.4 地域的异质空间规划设计方法论：语境编织——功能重构、象征点化

既往攸关于地域的规划设计，由于未能掌握到地域特性，因此，在现代化或资本力量的催促下，大多只能采取功能主义式或主题式的规划设计方式，从而造成了地域地景日益平庸化的窘状。然而，纠结在历史社会中的任何地域，从地域性的角度视之，其实是深具魅力的。作为一处地域空间伪正文，其不仅具有一定的总体性，同时更将伸展为各种异质的空间文脉，而展露出丰富的空间意义。因此，地域的规划设计其实应该在深度掌握地域性的前提下，针对地域性借由异质空间所铺展的文脉，借由功能重构与象征点画的设计方法，进行语境的编织与修护，以便让地域重新成为意义丰饶的世界。以研究者过往在石碇小镇营造的经验来说，即是以深度掌握石碇地域性（石碇性）作为前提，而进行议题探讨与愿景发想；并在深度愿景指导下，以修复为纲，强调针对石碇地域的文化地景进行“语境编织”，而其具体的手法，主要有功能重构与象征点化两个面向，符合了巴赫德对于建筑乃是一种同时涉及功能与象征的双向运动的看法。

1. 异质空间的语境编织与地志呈现

修复并非只是一种单纯讲究模仿式的复古（亦即不见得一定是古迹保存界惯常奉行的“修旧如旧”原则），而是对于所谓地方看不见之意义脉络的深度掌握及创造性介入，亦即，是对当地所谓“文化地景”作为“异质空间”在新的历史社会时势下所将具有的“深度语境”编织，期待能透过规划设计的积极参与在未来形构出一种具有地方整体性文化魅力的愿景，并化为具体的“地志想象”。以研究者过往在石碇小镇营造的经验来说，即是以深度掌握石碇地域性（“石碇性”）作为前提，而进行议题探讨与愿景发想；并在深度愿景指导下，以修

图5-36 建筑是涉及功能与象征的双向运动

复为纲，强调针对石碇地域的文化地景进行“语境编织”，而其具体的手法，主要有功能重构与象征点化两个面向，符合了巴赫德对于建筑乃是一种同时涉及了功能与象征的双向运动的看法（图5-36）。

2. 动员构筑等“营造”以重构功能、点化象征

地域的远景在深度掌握地域性的前提下既然借由地志规划而予以呈现，则有必要进一步借由构筑等营造之方式动员，以重构功能、点化象征。[①]先就前者来说，功能的重构指涉的是一种对于深度空间功能的重新安排，俾以借之而突显崭新的空间社会象征（图5-37）；

另一方面，象征点化则意味了对于空间形式作为一种符号象征的挪移转化，透过符码的转喻、换喻等手法以呼应崭新空间社会功能对于文化形式的整体欲求（图5-38）。

必须指出的是，在此功能重构与象征点化的双重操作过程中，所谓的形体、语汇、构筑、设

① 详细论述可参看萧百兴、叶乃齐、钟九如、陶世文、沈焕翔（2007）《地域归真的语境编织：历史空间参与设计的修补式实践—以21世纪初面临北台全球现代性冲击下的石碇小镇营造为例》，“第十届文化资产保存、再利用与保存科学研讨会”会议论文，台湾“中国科技大学”、日本工业大学主办、台湾文化资产保存研究中心筹备处共同主办；会议日期：2007/11/03～2007/11/06；会议地点：台湾“中国科技大学”、台湾文化资产保存研究中心筹备处；萧百兴、许碗俐，2008年9月，《历史城镇的地域性掌握及深度再造—规划设计作为一种文化地景的脉络修补：以21世纪初面临北台全球现代性冲击下的石碇小镇营造为例》，收录于中国建筑学会建筑史学分会、河南大学土木建筑学院、河南省古代建筑保护研究所合编，《建筑历史与理论（2008年学术研讨会论文选辑）第九辑》（中国建筑学会建筑史学分会、河南大学主办、河南省古代建筑保护研究所合办，于2008年10月27日—10月28日假河南·开封·河南大学举行之“历史文化名城的保护和利用——中国建筑史学学术研讨会”会议论文集），北京：中国科学技术出版社，PP.84-94；萧百兴、刘杰，2008年9月，《历史聚落魅力再造的行动研究：以文成雅庄规划课题、策略及空间愿景之研拟为例》，收录于中国建筑学会建筑史学分会、河南大学土木建筑学院、河南省古代建筑保护研究所合编，《建筑历史与理论（2008年学术研讨会论文选辑）第九辑》（中国建筑学会建筑史学分会、河南大学主办、河南省古代建筑保护研究所合办，于2008年10月27日—10月28日假河南·开封·河南大学举行之“历史文化名城的保护和利用——中国建筑史学学术研讨会”会议论文集），北京：中国科学技术出版社，PP.302-311。

备等操作主要是被视为一种动员以整体达成功能性或象征性的手法。其虽可被视为一种手法，但却不是独立而任意的，亦即，不是所谓创作者英雄式唯心游戏的工具，而是为了重构功能或点化象征，俾以展现地域所在空间的深度意义而存在的。

5.5.5 从文脉修补到地域振兴

以上所述，即是在掌握到地域文化地景异质性的前提下，借由语境编织以进行地域营造的规划设计实践方法。这是一种以文脉修复为建筑实践哲学的方法，诚如笔者在石碇小镇等营造的经验所示，其主要的目的既在

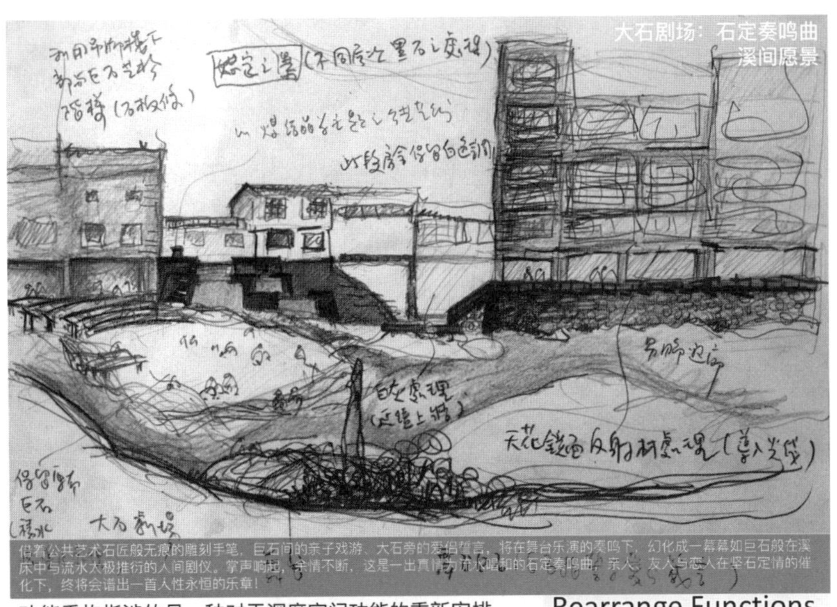

图5-37 重构功能的操作 石碇小镇营造大石剧场构想

图5-38 金字塔作为一个符号 点化了罗浮宫的形式象征

恢复过往被现代化所日益掩灭的地域空间文脉，同时，也在赋予这些文脉以适应未来的创造性空间意义（图5-39～图5-41）。必须要指出的是，如此作为，显然将是地域振兴的重要基础，毕竟，当前海峡两岸的相关地域，在资本主义掠夺式发展所肇致之空间日益平庸化的状况下，其实普遍面临了社会不均发展、产业日渐流失、文化认同不再等复杂的危机，而亟待在空间层次借由空间文脉的修补以寻回日益消失的地域性魅力，以便进一步借由相关社会、旅游等计划以面对挑战，并重起地域再造的生机。而此，其实是吾人在当前亟欲跨领域、催生“历史地理建筑学”以贯穿理论与实践的关键初衷！

图5-39 溪畔如龙栈道 石碇小镇修补式规划设计成果

图5-40 大石剧场 石碇小镇修补式规划设计成果

图5-41 吉野樱绽放的荣耀 石碇小镇修补式规划设计成果

5.5.6 简述空间结构图的知识论及方法论角色

前文已简略叙述了历史地理建筑学所当可能有的理论视野、实践方法与远景。而在此一联结、贯穿了理论与实践的知识生产及应用过程中，笔者愿意在此特别介绍“空间结构图”作为认识途径及操作方法的积极性角色。诚如笔者在《“人文的x身体的x美学的”——九〇年代华梵建筑学系基础设计教育实践的历史考察》[①]一文中所曾述及，参考、承传了传统中国山水地舆绘画的方法，这是一种立基于身体主体经验，凭借多视角图绘方法而对纠结在历史社会脉络中之地域环境空间结构进行总体再现的图绘方法，其既具有对于地域空间异质品质的细腻描述，同时，亦拥有对于地域总体结构关系的掌握，乃是笔者在多年教学间与徐裕健、施长安等同事切磋所得的成果。由于其系在一再对既有田调等资料研判后、经过不断地组织、重绘所逐渐成形的图绘，因而具有在知识论上协助研究者具体认知、掌握地域性的积极性功能（图5-42、图5-43）；而其一旦成形，则除了具有传递资讯的功效外，尚有作为远景发想，乃至修补式规划设计参考的作用(图5-44、图5-45）。

① 萧百兴（2005）《“人文的×身体的×美学的”——九〇年代华梵建筑学系基础设计教育实践的历史考察》，收录于罗时玮、关华山总编辑，《建筑向度设计与理论学报05 ——山里的天空线＝Skylines in the mountain》（第五期），台中市：东海建研中心，2005年9月21-48页。

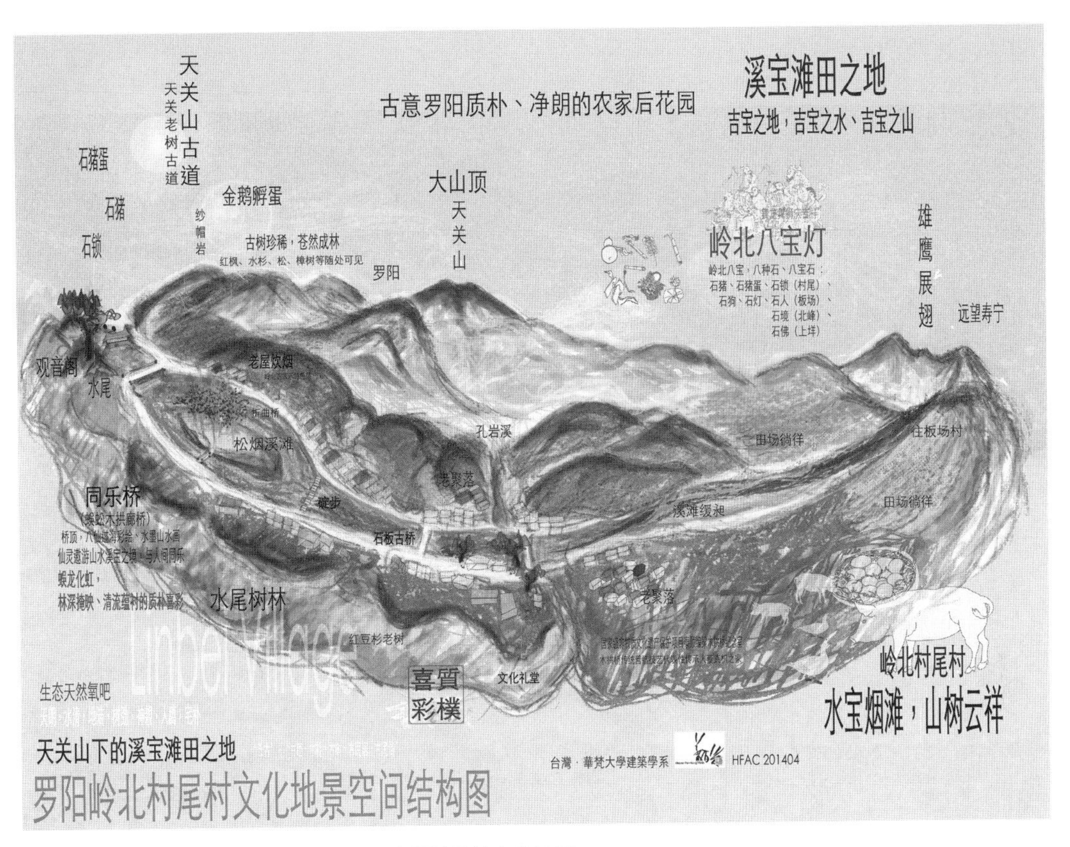

图5-42 借由多视角的空间结构图 再现泰顺岭北的文化地景

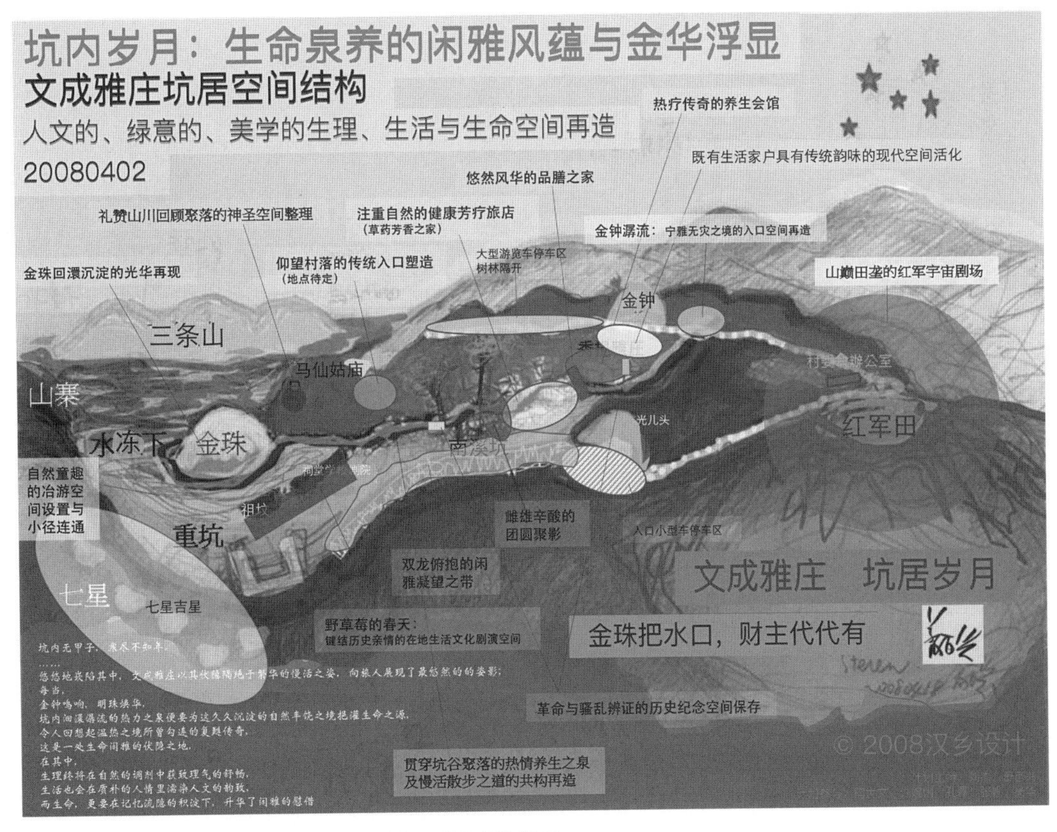

图5-43 文成雅庄 借由多视角的空间结构图进行规划构思

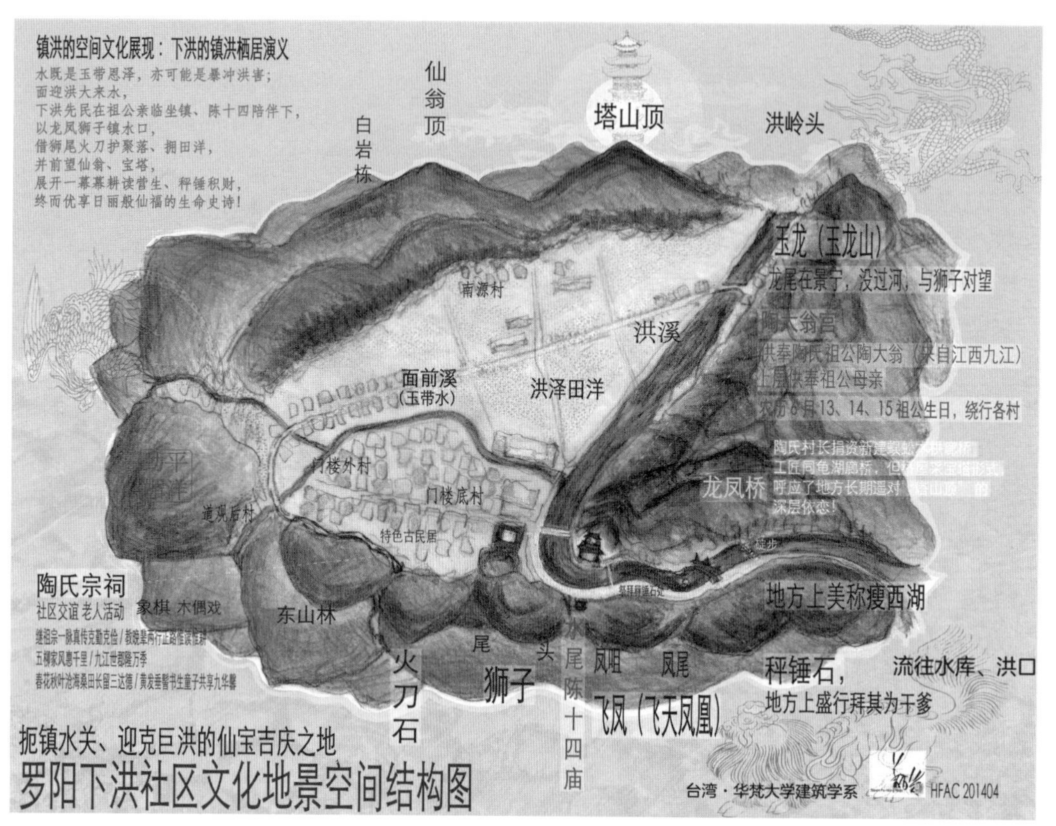

图5-44 借由多视角的空间结构图 再现泰顺下洪的文化地景

图5-45 借由多视角的空间结构图 再现山西静升的文化地景

5.6 案例

为了彰显如上的论述，兹选择两个研究案例以及四个不同尺度与类别的创作案例作为说明。两个研究案例前者为针对聚落文化地景的探讨，后者则聚焦于聚落中建筑文化形式的研究，主要希望以不同尺度类型之空间形式研究彰显历史地理建筑学的独特进路；四个创作案例虽有尺度及类别之差异，然主要亦皆奠基于对“地域性”的深掘，发掘地方的文化特色形成文化地图；并透过同时掌握软件与硬件的规划构思进路，借由建筑、景观等设计手法将其具体落实成为旅创等空间，以带动对村落、社区等地方空间的活化。

5.6.1 台湾东北角“鼻头”边陲渔港之文化地景研究

什么是鼻头？什么是鼻头的地域性（鼻头性）？在此地域性下，鼻头的文化地景为何？独特的空间美学为何？有什么样深刻的文化意义？

以上所列乃是笔者鼻头渔村研究最重要的出发点，透过历史地理建筑学式的研究，笔者指出位于台湾东北角海岸的鼻头岬角，本是一处迎风漩浪、蚀岩耸拔而藏怀岩沙内湾的自然分明之地（图5-46），先后因为平埔族凯达格兰族马赛人以及汉人等的造访、殖居而形成独特的渔村聚落，并经历了日本占领台湾、战后渔业现代化的蓬勃发展。这是一段临海恶地的福祐传奇，历史的脉动让聚落空间烙印出独特的时间性印记，也积蕴出了特属于鼻头的社会生活与空间性内涵。以至于，其在当前虽然沦入了为全球化平庸淘洗的命运，却仍旧处处可

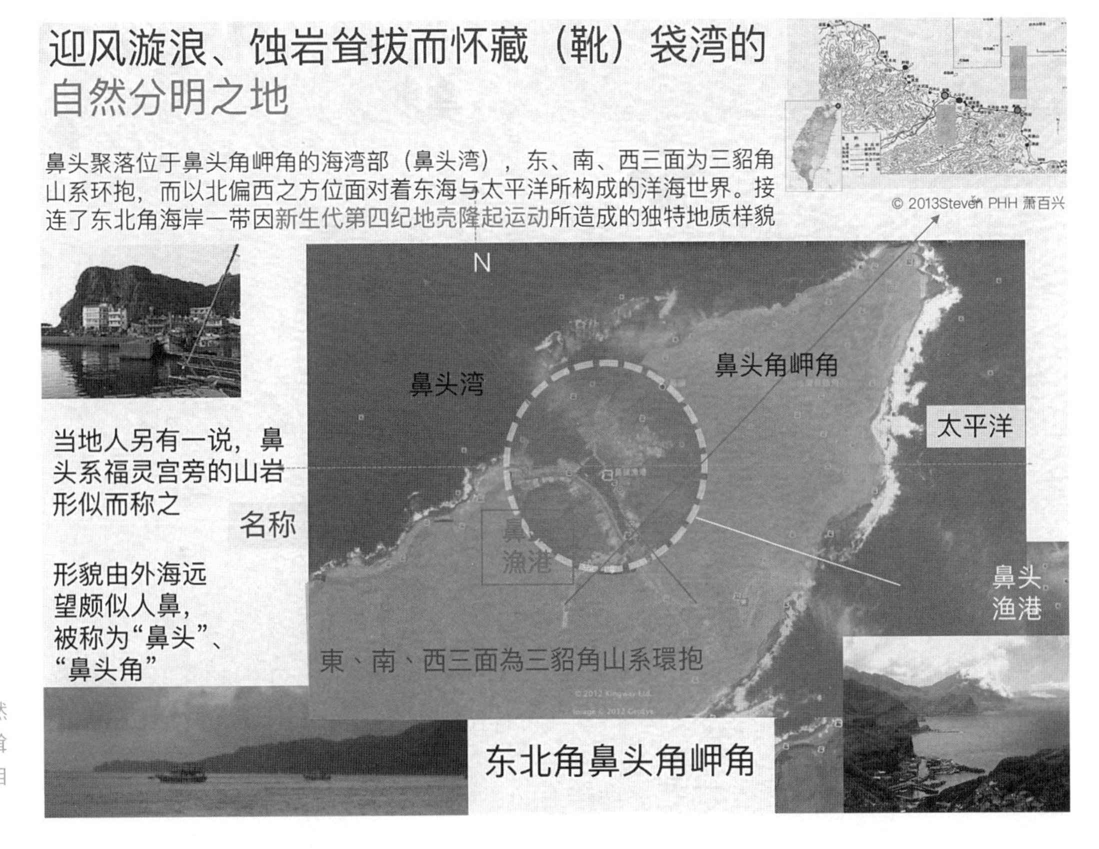

图5-46　鼻头渔港的自然地理：迎风漩浪、蚀岩耸拔而怀藏（靴）袋湾的自然分明之地

见地域性的潜力。事实上，以焚寄网等渔业起家，并以焚寄网渔业走入高峰舞台的鼻头，在面临了东北季风等恶劣气候条件的情况下，果真发展出了一套以入寮散寮、农历纪事为原则的独特生活方式，不仅因此形成了特殊的文化异质地景（图5-47），更凝结为一处脉络涌现、结构分明的鼻头世界。

1. 湾里湾外、岩海一体（图5-48）

对鼻头居民来说，这是一处海在前面（指岬角左侧/西侧之海；右侧/东侧之海并不属于鼻头，而属于龙洞所有）、天也在前面，但港湾与社区却旋绕藏躲在后，

图5-47　鼻头渔港的文化地景示意

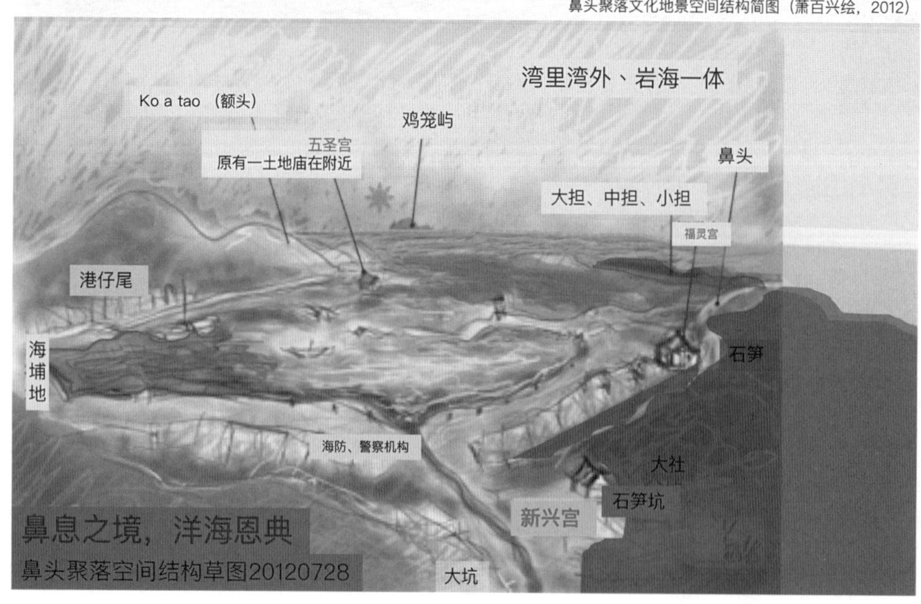

图5-48　湾里湾外、岩海一体　鼻头渔港的空间结构图初绘

并背对着洋海的生活世界：从社区、内港出发，旋绕过防波堤、三担等几道中介，便可看到原本面对着西北方基隆屿的海面向右横展而出，并为鼻头岬角与深澳岬角（旧名蕃仔澳，当地人称为“鼻仔”）两相界定，构成了人力捕鱼时期夏夜火罾点点的主要渔场；两岬之外，在渔船机动化、吨数增大后，虽已是可以逾越之处，却仍是海象较为汹涌的波涛之地。而更远处，除了位于左侧/西边构成第一道指认标志的基隆屿外，则是位于东北、天晴时悠然可见的花瓶屿、棉花屿与彭佳屿三小岛，构成了鼻头洋海聚落遥远的边际。

这样的世界，登上岬角时亦可感知，位于聚落后方的岬角既为聚落的后盾，亦巧妙地以一种凌空的高度带领着聚落往右前方延伸，直接触及了洋海潮流的交会激漩之处。鼻头尖角所在，于是成了一处前探洋海风云、回顾社区安居之处，其并以此地理上的特点，形成了边界，护拥着过往以新兴宫庙埕，而近日转变为以港湾为中心的聚落世界。于是，湾里湾外，虽有层次，亦散布了许多异质空间，却岩海相融，浑然一体，而以从海湾前视三担与基隆屿的方位上经常可见的夕阳霞影，在黑夜即将来临前，辉丽出聚落最令人印象深刻的景致。

2. 鼻息之境，洋海恩典

鼻头，于焉是个鼻息灵敏之境。借着自然的独特性，其探索、理解了自然，并凭借着人文化的自然而回避了风险，进而期待将其转化为世俗生存的丰泽。作为一处真实的自然空间（Natural Space/Physical Space），其虽如古蒙仁所说：“没有鼾声”，却从来不乏在与当地居民的人文互动中被赋予了丰富的生气与机息：一方面，其总是伸出了鼻尖，如嗅鼻般敏锐地触知了风雨洋海的生死辩证之理，借之而在夏日的黄昏驾起小船协力突进暗夜的汪洋险地，点起罾火以取回潜藏于洋海的恩泽；在此同时，其也总是懂得藏入山坳鼻眼的靴袋湾中营建聚落，不仅躲避东北季风等自然灾害的侵袭，更在岬角的屏蔽中静享了黎明日出的平安，并进而展望了世俗喜庆的丰饶与仙彩。

“鼻头”因而同时含纳了“感测”（“探险”）与“掩护”（“庇护”）的意涵，更以浮现于洋海波涛上的嶙峋耸岩而拥有了傲岸不驯而企图前航的空间象征（岬角前端之岩石地方上亦称“军舰岩”）。其总要在经历了季风与干湿轮替以及黄昏、黑夜、以迄日出的过程，彰显出特属于聚落深意的空间美学，一种经常借由超现实异象以彰显出渔业劳动生存深义的时空美学：（图5-49）一来，东北季风来临的湿雨之季，大体被屏蔽在鼻岬之外的惊涛骇浪拍激着蚀岩，总是对比着从湾港而至山坳社区中风雨益减的平顺状态，而彰显出造化摧枯拉朽的气势之美，以及聚落自我内聚（街巷狭小、石头厝结实而低矮、会发炉的家中供桌）与巧用自然智

图5-49 冬日的浪打惊涛 鼻头 超现实异象的时空美学

慧以承担风险的坚韧之美。而在其间，女人于沿海礁岩码头边的副业作息、男人（青壮与老人）于家户与公共空间中的会聚博弈，以及小孩于海埔地的嬉游，也总为冬寒湿雨中略显萧瑟零落的聚落染上了一丝生气、闲逸的色彩。

另一方面，东北季风逐渐远飏的农历三月至十月间，黄昏之际经常于基隆屿方位出现的落日霞光，总是为渔民的劳动，铭刻出神异的光彩，彰显出洋海的可能恩典：黄昏虽是太阳西下之时，却也是渔船启航之时，其总是借由绚烂的光芒，长斜地照亮了鼻头与额头两块拱卫着渔港的山岩、照亮了大中小担、照亮了整备忙碌的渔港，照亮了迎向大海的船只，照亮了翘首探寻渔场的渔民，吊诡地赋予了聚落以渔获可能丰收的希望；紧接着，于月光稀弱之黑夜出现于岬角环拥渔场中的点点罾火，亮照着渔民的脸、亮照着波流的水面、亮照着收网时不时群跃的鱼获，而让水与火在流动中的交互辉映，彰显出特属于劳动的美感；最后，则是船只陆续于黎明返航时，微漾于海面的晨光，而随着渔船入港时港边的再度繁忙、骚动，朝晖也照亮了石笋之尖、照亮了底下的新兴宫、照亮了聚落，彰显了渔民在历经一夜忙碌后，终将休息沉睡，而带予聚落以充满了活力的新兴美感。从黄昏、黑夜以迄晨曦，鼻头聚落上演的于焉是一出自然宇宙与人间世界合力扮演的、通过智慧与劳动而将洋海丰泽转化为俗世恩典的生活戏曲：难怪，居民会一再以祭祀妈祖等巡绕海港的节庆盛会，在鞭炮高响、神轿劲冲吆喝的美感中欢庆了辛勤后的丰饶；也要以流水席的摆设，在宴请亲友的过程中透露了重视“分享”的人情之美。这美所欲总体遥指的，正如夏日黄昏时，总在大担、中担与小担间戏水冲浪的小孩身影般，为落日丽照出一幅宛如八仙过海嬉游的人间盛境！此刻，鼻头作为一处鼻息之境，总是在超现实般的神光照染下，突显出了不测洋海的奇异恩典，也彰显了人间借由自身智慧劳动的努力，而获得生存深义的时空之美（图5-50）！

图5-50　夏日迎着夕阳的出海之行　鼻头　咀嚼着洋海的奇异恩典

5.6.2　屏南漈下龙漈仙宫之空间形构探讨

龙漈仙宫又称登瀛宫、马氏天仙殿、俗称仙奶殿，主要奉祀闽浙一带常见的马仙，为福建屏南县甘棠乡漈下聚落中最为重要的宫庙建筑（图5-51）。一方面，其不仅占据了双涧夹流所在之特殊地理位置，也与迎仙桥、文笔峰等构成了序列的空间组成（图5-52）；在此同时，其更出之以方圆相间的造型（重檐屋面，上檐为似伞的圆形攒尖顶，下檐为四面坡）（图5-53）、螺旋形大藻井、偷心造罗汉枋等构筑手法，在透露了其具有表征特殊社会文化内涵的符号性深意，值得置入历史脉络之中、从社会符号学的角度对其进行解读。

事实上，漈下龙漈仙宫乃是屏南独特拓垦脉络下的产物，秀异的空间构筑与形式展现本身蕴含了在此脉络下所肇生的空间象征意涵，值得从社会符号学的角度进行审视。经过研究后笔者发现，大抵而言，其独占两水角地而面对文笔峰/玉壶峰的特殊配置（图5-54）、以方圆为主的格局（图5-55）、朴犷中带有礼制（图5-56）、以似伞屋顶与内部螺旋藻井形成特殊张力为重点的建筑构筑与空间形式（图5-57、图5-58），具有特殊的文化社会意涵，既彰显了马仙借灵犀巨笔施法以镇服龙漈自然荒莽力量，并将之收入宝塔内而转化为人文的象征意涵（图5-59），也表彰了漈下先

图5-51 屏南漈下聚落位于两水交汇处的龙漈仙宫

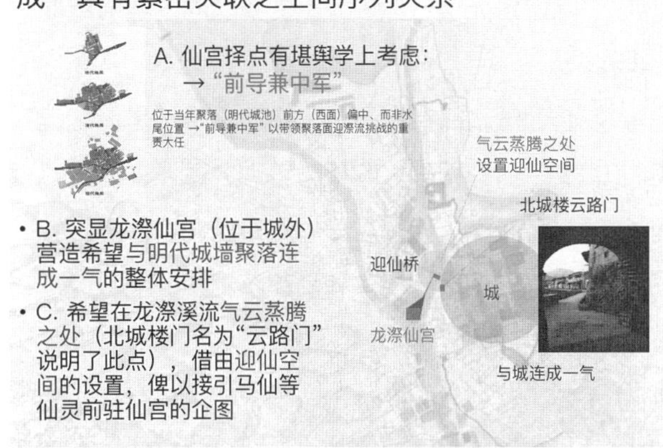

图5-52 龙漈仙宫与迎仙桥、文笔峰等构成了序列的空间组成

图5-53 龙漈仙宫天圆地方、形如巨伞的造型

图5-54 龙漈仙宫面向马仙用以作法的灵犀巨笔，而在作法后其也转为莲瀛仙境

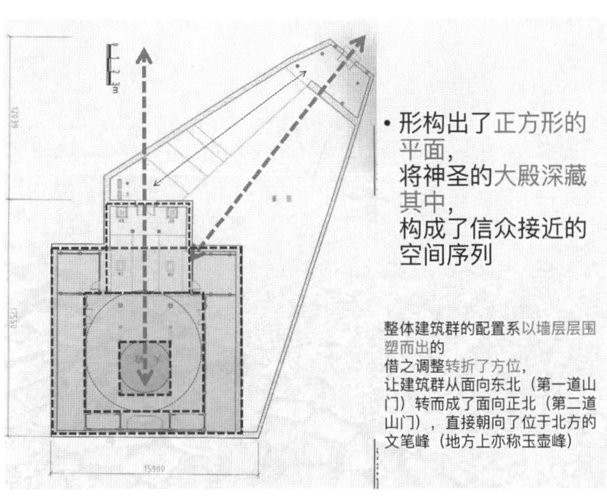

图5-55 龙漈仙宫以方圆为主的平面格局

图5-56 龙漈仙宫构筑带有礼制的原始朴犷美学

民希望进一步将龙漈仙宫营造为天地道场与莲瀛仙境，以便将漈下打造为如玉壶般人间仙境的殷殷企盼。

如此理解，其实揭示了，构筑（特别是传统建筑）非仅只具有坚固、实用与美观之意涵，而更具有象征之意涵，故而，应超越既有结构理性主义的研究思路，而援引社会符号学等跨领域的视野进行探视，方能理解其空间意义，以及构筑功能与形式所欲表彰的重点与内涵。进一步说，也只有在如此前提下，方能以对建筑的深度规划进行紧扣既有空间意义的修复，并点燃整体聚落的空间魅力。

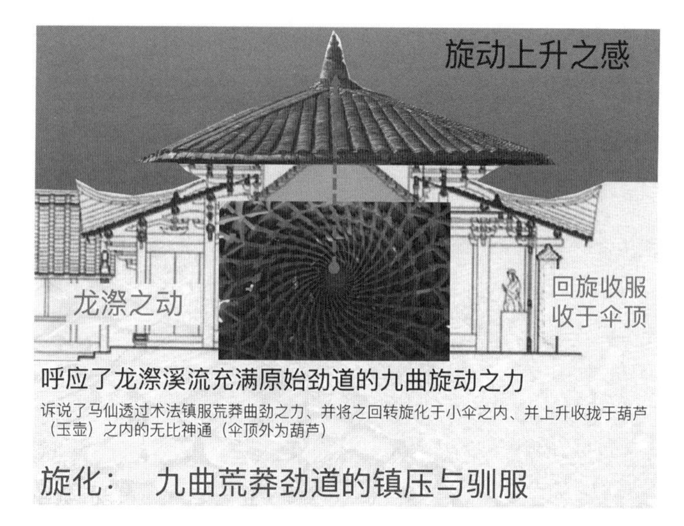

图5-57　龙漈仙宫藻井呼应了龙漈溪流充满原始劲道的九曲旋动之力

5.6.3　泰顺山水文化创意研究（地域特色规划）

本案为一项针对泰顺整体空间结合地域文化之深度发展所提出的整体策划。为此，规划设计团队深掘了泰顺作为“在与水周旋经验中昂然崛起之历史边陲山境”之独特的地域文化精华，理解九镇一乡行政区划所个别具有的特色（现代泰顺的行政区划已经有所改变），选择了特殊的聚落画出了文化地景结构图（图5-60、图5-61）。在此前提下，规划设计团队针对九镇一乡的发展提出了以旅游为目标而包含了经济、产业、社会与文化等方面的整体定位，并提出旅游等空间规划设计的可能建议，以作为地方政府魅力地方打造的基础（图5-62～图5-65）。

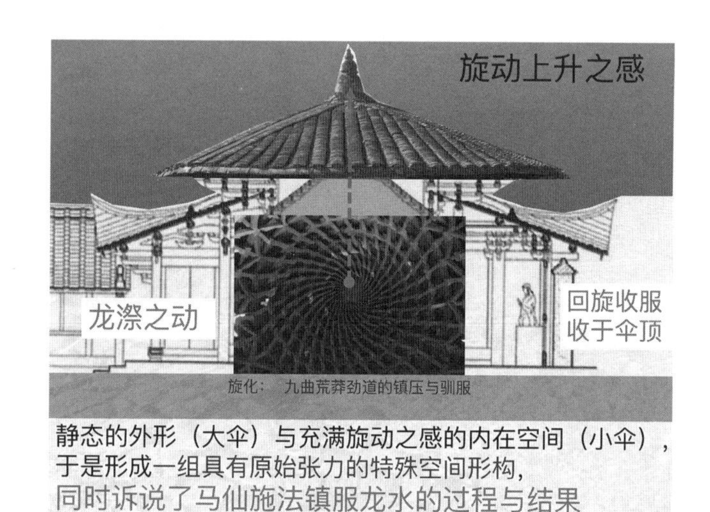

图5-58　龙漈仙宫具有张力关系的内外伞空间　诉说了马仙施法镇服龙水的过程与结果

循此，团队更对泰顺柳峰等地在极短时间内进行地方特色进行发掘，并展开以修补式规划为内核的小城镇规划（图5-66～图5-69）。

5.6.4　福建省屏南县漈下村旅游发展规划（2015—2025）

图5-59　龙漈仙宫螺旋藻井是“镇服”空间技术的展现

屏南漈下古村落为屏南古村落中最具价值者之

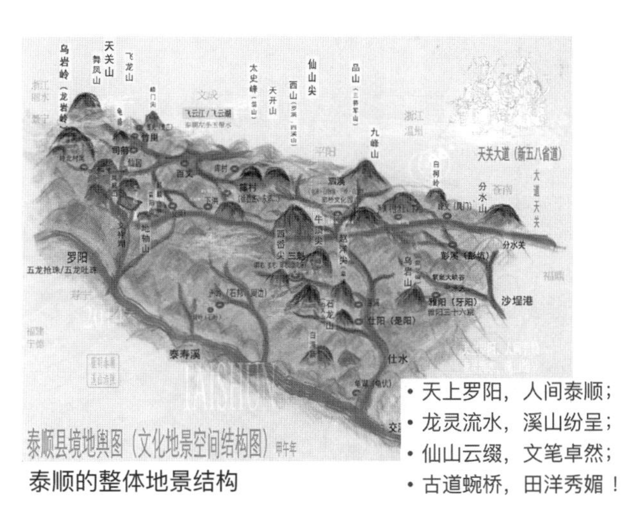

图5-60　泰顺的整体地景结构图
（图片来源：萧百兴　绘）

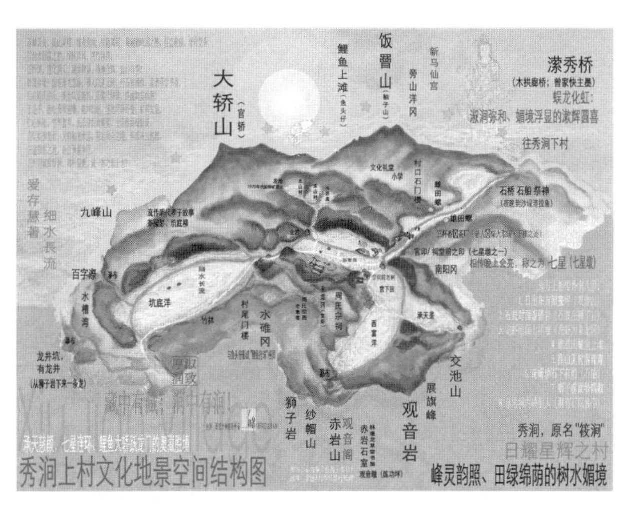

图5-61　泰顺库村的文化地景结构图
（图片来源：萧百兴　绘）

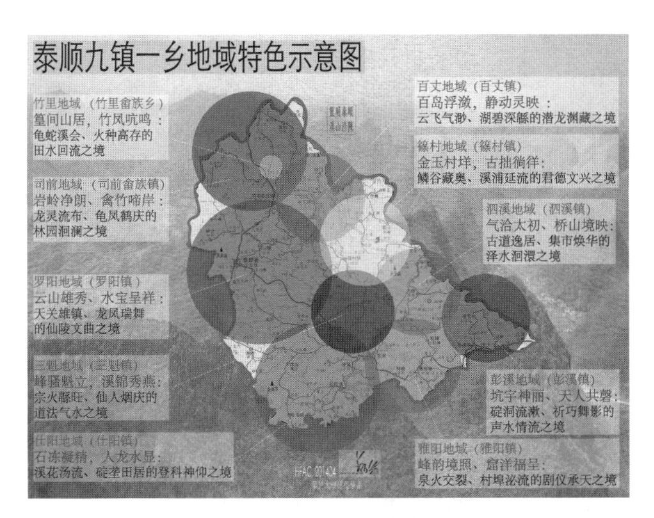

图5-62　泰顺根据地域特色发展出的各乡镇定位
（图片来源：萧百兴　绘）

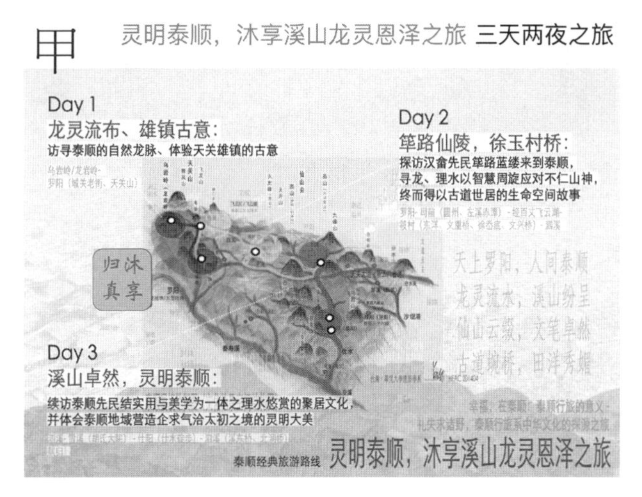

图5-63　泰顺经典旅游模式规划示意
（图片来源：萧百兴　绘）

图5-64　天关大道　泰顺实质空间计划示意图
（图片来源：萧百兴　绘）

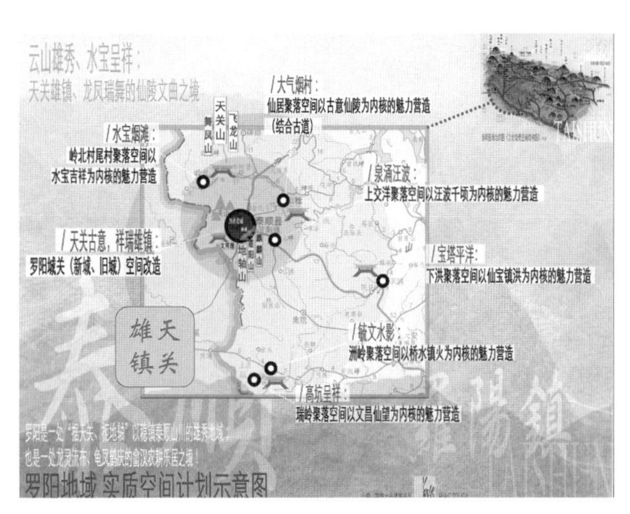

图5-65　泰顺罗阳镇实质空间计划示意图
（图片来源：萧百兴　绘）

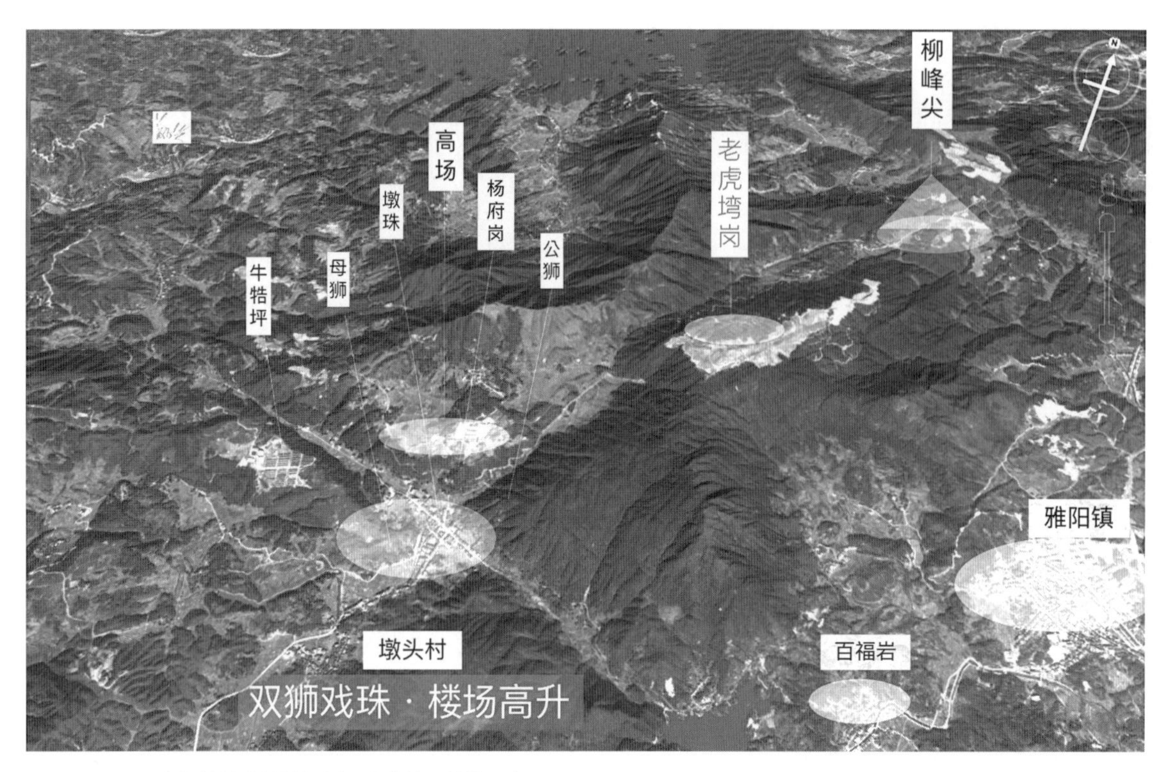

图5-66　2017泰顺柳峰小城镇规划　文化地景结构研究
（图片来源：萧百兴　绘）

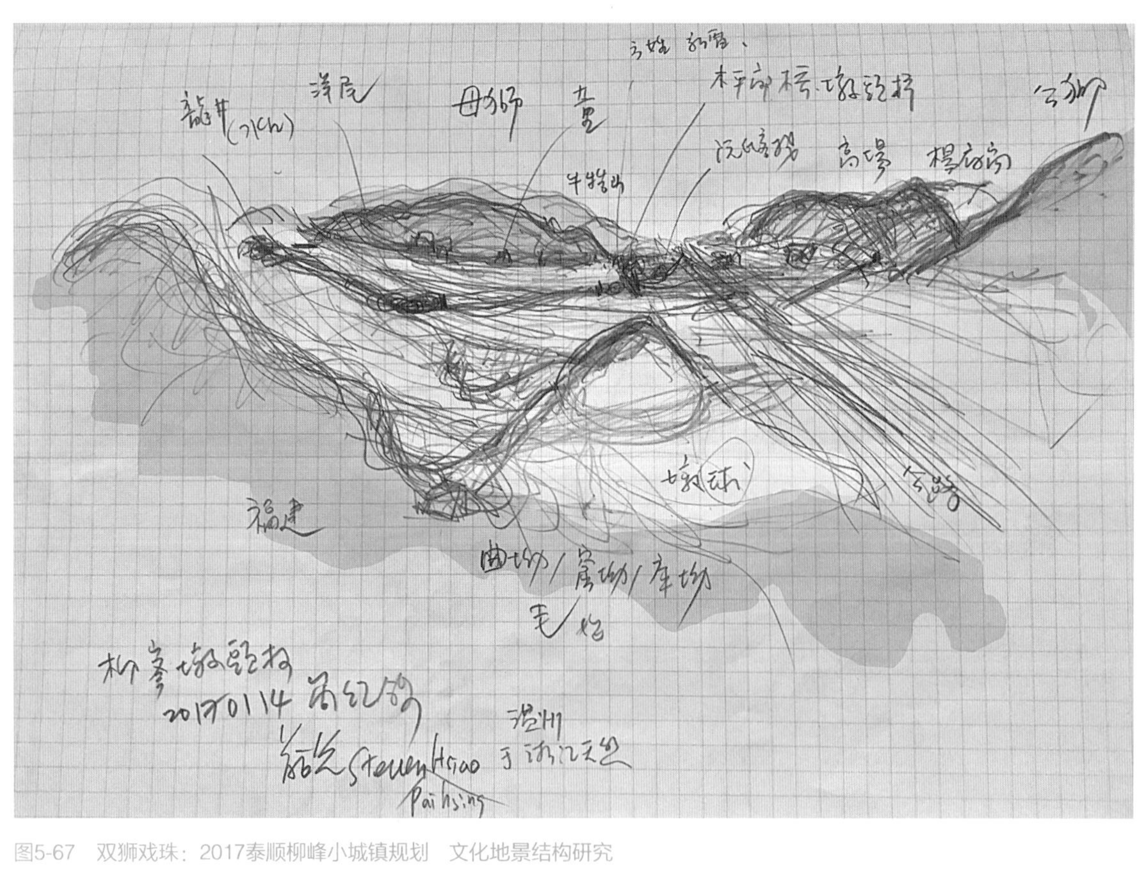

图5-67　双狮戏珠：2017泰顺柳峰小城镇规划　文化地景结构研究
（图片来源：萧百兴　绘）

图5-68　2017泰顺柳峰小城镇规划　柳峰楼唤归真“归真广场”鸟瞰
（图片来源：林孟亭、萧百兴　绘）

图5-69　2017泰顺柳峰小城镇规划——柳墩星烨
（图片来源：萧百兴　绘）

一，具有极高的提升屏南旅游从大众自然旅游转化为精致之人文旅游的战略价值。为了避免过往古村落整建落入千村一貌之窘境，规划设计团队通过深入的田野调查理解了村落周遭山仑的具体名称、聚落过往与荒猛力量搏斗以及与两度台湾挂印总兵甘国宝等有关的空间历史、当地朴质之社会生活样貌，以及居民寄托仙道的想象期待等，理解漈下在先民眼中实为“玉壶峰下一仙境”，具有借由水利以及马仙神力带领以镇压龙漈丘虎荒猛力量的人文地理表现。规划设计团队于是仔细爬梳了漈下特有之荒猛劲道的文化地景并借由旅游软硬体的规划将之转化成为独特的旅游资源，提出“龙漈福地——山窝洞天，漈洋蕴淌”的空间想象，将其定位为“大福州山窝流漾自然芳猛劲道的涉台福源/福缘宝地”而进行旅创的规划（图5-70）：一方面，透过创意旅游行程的提出、搭配文化地图的设计与村落文化节庆的策划等而进行软体的整体构思，使成为旅游硬体建设的具体内涵（图5-71）；同时，亦借由修补式的规划设计进行聚落空间文脉的重整，期待让其硬件成为深度文化体验与美赏旅游的最适切载体（图5-72～图5-74）。在此前提下，庶几能打造漈下成为大福州地区“祈福静心”胜地的旅游独特品牌（图5-75、图5-76），从而催动地方依托“旅游+”的魅力发展。

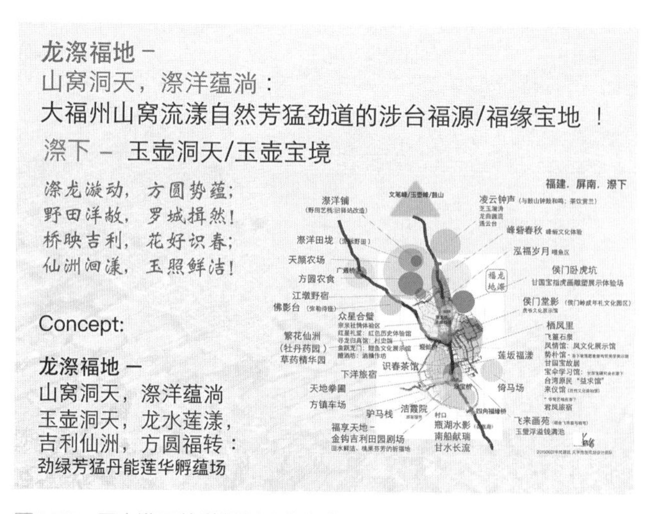

图5-70 屏南漈下旅游规划定位与构思
（图片来源：萧百兴 绘）

图5-71 屏南漈下旅游规划 旅游模式构思：酒糟喂鱼，红福洄澜

图5-72 屏南漈下旅游规划 空间构思：金钩吉利田园剧场
（图片来源：萧百兴 绘）

5.6.5 泰顺雪溪溪山滨水文化公园规划设计

本案为一溪滨公园设计案，经设计团队深入调研、挖掘后，发现其实具有雪溪门户并带动旅游以活化地方之重要功效，因而，充分掌握雪溪溪山文化特色，提出“溪城如画”之构想，并透过五大景观主题予以落实。期待借由空间情境的营造，除了提供作为游客中心及游憩起点之功效外，亦成为旅客体验雪溪地方精神与空间美学的起点。

图5-73　屏南漈下旅游规划　空间构思：再现莲花坂
（图片来源：萧百兴　绘）

图5-74　屏南漈下旅游规划　空间构思：云路门外花桥一带之宗情体验空间
（图片来源：萧百兴　绘）

图5-75　屏南漈下旅游规划　空间构思：祈福之地
（图片来源：萧百兴　绘）

图5-76 屏南潦下旅游规划 文化节庆构思：神鼓迎福 龙潦曲（图片来源：萧百兴 绘）

1. 定位

（1）临溪的星月自然之台，彰显仕阳雄关，上下远眺溪水聚落，逶迤游赏地方的始终点；

（2）星月之台，田垄逶迤，亲水设关置门以彰显仕阳雄镇之势，临溪纳气架桥以记忆地方田园垄居数大之美，并远眺仕阳与雪溪溪山美胜愿景的悠赏、暂憩之处。

2. 功能

（1）雪溪地域的形象入口；

（2）暂憩（含停车）、资讯、购物，成为雪溪打造4A景区的游客中心；

（3）雪溪以溪山为重心之悠赏旅游的起点（也可是终点）。

3. 设计概念：溪城如画。

4. 空间境界与美学：

龙关水据，溪城雄镇；

梅院含辉，章门文显！

层垄逶迤，田园灿华；

雪溪春晓，月映星辉！

5. 空间规划设计策略

（1）彰显地方历雪寒冬，以待春晓之精神，让雪溪成为礼赞自然的人文之境的化点。

（2）彰显雪溪为安享章华文显之境。

（3）月桥之村的意义突显：借镜雪溪桥东桥西村以桥联系两岸聚落、保存自然资产之手法，以局部桥之连结重新联系被公路切断的田垄地景，并再塑入口意象。

（4）临溪星月之台的营造：利用临溪山势，以高低不同之层落空间塑造整体空间为临溪星月之台。

（5）红梅院落：学习胡氏以山顺势借台垄以营构君子大院之建筑精神筑构屋堂，提供旅人游憩、观览之处（游客中心）。

（6）借鉴地方建筑形式与构造元素、倚靠地势临溪打造龙水之关，使成进入整体雪溪聚落之象征，表征雪溪为临溪雄镇的内涵以及质野间内蕴文雅的独特美学。

（7）以自然石艺构筑及装置艺术彰显雪溪、乃至仕阳地方石玉凝冻的特殊美学。

6. 设计内容：分成五大主题景区（图5-77）

（1）土石劲嶙，树雪迎宾（图5-78）；

（2）桥道凌田，章门文显；

（3）龙关章华，溪城雄镇（图5-79~图5-82）；

（4）龙田水聚，梅院涵辉（图5-83）；

（5）鳞石逶迤，雪溪春晓（图5-84）。

5.6.6 浙江温州泰顺样板屋泰顺厝设计

泰顺县期待推动具有地域特色的样板房，以便让泰顺在可见的将来具有鲜明特色的景观样貌。为此，设计团队深掘了泰顺民居的建筑特色，将其进行归纳与提炼，提出“石基土墙，坚韧朴质；横木檐廊，通脱磊落；弧面雁脊，气洽太初；黛瓦悬鱼，粉面生辉”的设计概念与“屋如其人”的设计主张，将泰顺厝定位为现代泰顺人承接溪山传统、迈向全球未来的形象代表，期待在采取“现代化情势下尊重、延续、转化并凝炼传统的形式”“尊重现实，分区分类处理：分成旧房与新建”“整体

龙关水据，溪城雄镇；梅院含辉，章门文显；
层垄逶迤，田园灿华；雪溪春晓，月映星辉！

图5-77 溪城如画 泰顺雪溪溪山文化河滨公园设计 平面配置
（图片来源：萧百兴 设计、张枢维 绘）

图5-78 溪城如画 泰顺雪溪溪山文化河滨公园设计 树雪迎宾
（图片来源：萧百兴 绘）

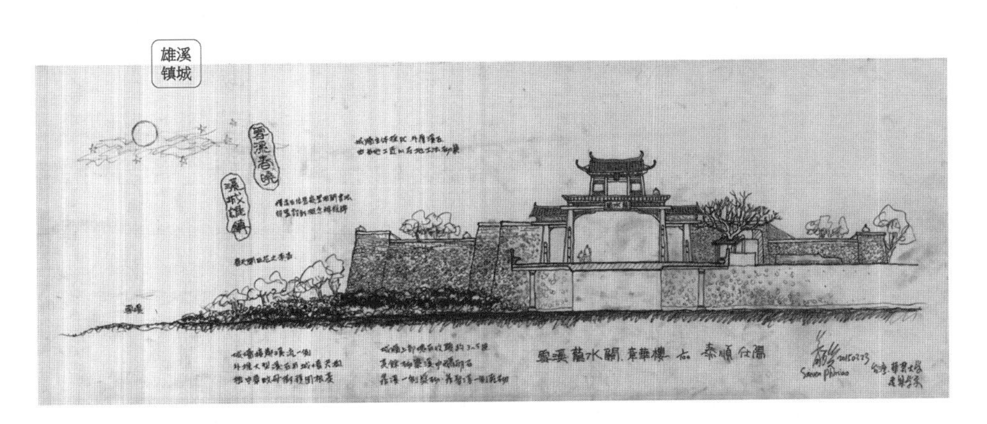

溪城如画

©2015 Steven PHH 萧百兴 泰顺·雪溪·河滨公园龙水关 华梵大学建筑学系

图5-79 溪城如画 泰顺雪溪溪山文化河滨公园设计 龙关水据
（图片来源：萧百兴 设计、吴柏君 绘）

图5-80 溪城如画 泰顺雪溪溪山文化河滨公园设计 龙关水据
（图片来源：萧百兴 设计、吴柏君 绘）

图5-81 溪城如画 泰顺雪溪溪山文化河滨公园设计 龙关水据
（图片来源：萧百兴 设计、吴柏君 绘）

图5-82 溪城如画 泰顺雪溪溪山文化河滨公园设计 龙关水据
（图片来源：萧百兴 设计、吴柏君 绘）

图5-83 溪城如画 泰顺雪溪溪山文化河滨公园设计 龙田水聚，梅院涵辉
（图片来源：萧百兴 设计、吴柏君 绘）

图5-84 溪城如画 泰顺雪溪溪山文化河滨公园设计 雪溪春晓
（图片来源：萧百兴 设计、吴柏君 绘）

掌握屋形（美学）、使用想象与生活形态及生命姿态的深层关联”“以现代性为主、辅以传统工法的工法使用”四大设计策略前提下，借由石土墙、横木带、软弧顶、吉悬鱼几个重要元素的提炼，让其成为泰顺朴接大地、素净仰体气宇的昂然通透之屋，也是现代泰顺人沐享溪山惠泽、宁静嵌入仙宇运作的角落生活空间。

以下为因应泰顺厝硬体建设所提供的论述：

泰顺素为“仙陵”胜境，在先民眼中系为仙人出入的天关地轴所在，也是凤舞龙飞而麒麟龟甲等仙宝朝拜的吉祥之地！其虽僻处浙南山区，却至迟在唐代即陆续有汉畲等先民移入，在这块“溪山”地域中接续了史前瓯人遗存而展开了以耕读为主的生活方式，从而积淀了“文礼”与“山野”互相辩证的浓厚文化底蕴，素有“中国农村民俗文化活化石”之美称，是充满了吉祥的绿色宝地。当年，泰顺先民凭借了宗族等的护佑，透过读龙理水以惠享流水等山林美泽、避开其龙蛇般猛击，从而争得了耕读以广通世外的生存空间。在此，他们养成了边陲打滚雅好体面的坚韧人格，建立了仙道气化宇宙等信仰；更借由语言、食饮、技艺、兴造等，象征地总结了将“厄逆”反转为“泰顺”的生命经验，表达了追求国泰民安、风调雨顺并企盼世俗荣耀、气洽太初的愿望。凡此，具蔚为泰顺地域文化的具体内涵，并以“灵明”美境而映现出其朴拙大气与庄雅通脱的精神气质。

其中，“兴造/营造”（或谓“建筑”）即是至为显耀的一环，举凡民居、祠堂、寺庙、廊桥等，以其空间格局与建筑形式等，体现了泰顺“地域性”（Locality）的特殊内涵，是对溪山地域“多山多水多台风”等现实物理条件进行社会反应的文化结晶。以近年盛名远传的蜈蚣木拱廊桥来说，即以八字跃升的木拱桥体撑起了儒家耕读重礼的内涵，以蜈龙化虹的长曲桥身与昂翘歇山脊顶诉说了与洪水超自然周旋的动人故事，并以滢水倒映的通透仙阁透露了师法自然、气洽太初而亟盼凝化为人间道境的殷殷企望。

值得注意的是，这些不同建筑类型虽共同呼应了泰顺性，却也各自有殊异表现。就境内最为普遍、数量最多，而亟待作为当代“泰顺厝”（泰顺民居样板房）最主要形式来源的传统民居来说，其顺应了溪山地势、守护了仙陵风水、呼应了宗族社情、承载了耕读生活，即展现出了如下形式特色：诸如“章采门楼、接田垒台、石砌墙基（石基）、土石粉墙（土墙）、通透廊阁（腰檐楼屋）、木板横窗墙带（横木带）、朴壮斜撑、柱檐山面、类官帽准歇山坡或悬山束腰软坡顶等（软弧顶）、吉祥悬鱼、摞瓦翘脊（雁脊）[①]、黛黑板瓦（黛瓦）”等主要建筑元件组构起了泰顺民居建筑的独特风景，可说既以巧富变化的构筑面对了多山多水多台风的独特挑战，亦以朴野中绽露了文采的形式呼应了泰顺以谦逊朴质之姿昂然挺立于天地的通脱个性（图5-85～图5-87）。

有鉴于此，当代重新思构泰顺民宅样板房（泰顺厝）之建筑时，实应考量这些既有的元素，在顺应现代材料工法的前提下，加以简化、组合，总结提出有利于推广之泰顺特有的地域形式特色，以便传承文化，打造形象。毕竟，文化有其外显之象征符号，而住屋的“有意味形式”正担负了如此的功能。而这，其实是符合泰顺往全域旅游、将城乡当公园景区之发展方向的，透过鲜明的形式语汇召唤想象，将有助于游人对泰顺地域特性的辨指与认同！

为此，就最为急迫的既有立面改造等任务而言，拟就上述元素进行简化组合，形成以“石砌墙基、土石粉墙、黛黑板瓦、准歇山官帽式或悬山束腰软坡顶、摞瓦翘脊、悬鱼文饰”（亦即所谓的“灰石基、粉土墙、黑黛瓦、软弧顶、摞瓦脊、吉悬鱼”[②]）加上“木板横窗墙带（‘横木带’）、柱檐廊阁、朴壮斜撑”为基本元素，以及以接近田野自然之“粉土灰黛”为基础色调共同组合而成的建筑风格。其中，尤以“石土墙”（综合“灰石基”与“粉土墙”）、“横木带”“软弧顶”与“吉悬鱼”最为显著，建议作为最基本常用之元素。在此状况下，主要期待通过现代建筑材料构建形成高低错落、层次丰富、朴质文采、谦逊通脱、甚至逸气昂立的立面造型，将之推广至泰顺境内重点街区，以及重点通道沿线，以便逐步形成鲜明的城乡建筑风格（图5-88）。

---

① 根据泰顺政协胡昌迎副主席、非遗中心季海波主任等，泰顺的屋顶长而软，侧边外放再收，似官帽，胡昌迎副主席称之为弧面；胡昌迎副主席指出，地方上亦把摞瓦翘脊形象地称为“雁脊”。

② 此系根据泰顺政协胡昌迎副主席对泰顺建筑元素之归纳“石基、土墙、黛瓦、弧面、雁脊、悬鱼”再行修改。

图5-85　通脱质朴、儒野并存的民居形象　泰顺古民居为泰顺厝最主要形式来源
（图片来源：笔者摄影、季海波等地方朋友提供、泰顺百事通等）

图5-86　通脱质朴、儒野并存的民居形象　泰顺古民居为泰顺厝最主要形式来源
（图片来源：笔者摄影、季海波等地方朋友提供、泰顺百事通等）

图5-87　通脱质朴、儒野并存的民居形象　泰顺古民居为泰顺厝最主要形式来源
（图片来源：笔者摄影、季海波等地方朋友提供、泰顺百事通等）

泰秀居

容貌姣好、面相若君子般细腻雅致之居

/ 建筑型态：

三层楼＋地下一层之连栋住宅；地下一层背后为车库；
边间去掉突出之檐廊亦可作为连栋配置

/ 设计思考与特色：

学而优则仕，过往泰顺人虽居于深山，却借由耕读传达了他们期盼自身能坚毅持重、翼然秀立之期盼。为此，此一房型命名为“泰秀居”，除了引用泰顺传统的元素进行简洁素净的组合以呼应泰顺人一般质朴的生活与生命之感外，特别突出中间部之秀雅形象，利用简炼之花格窗及圆玉元素带出君子神态秀致之感，具体反映出溪山边陲之地在人文努力下，亦能结晶出秀美之果的历史特质。

图5-88　屋如其人泰顺厝　泰秀居：容貌姣好、面相若君子般细腻雅致之居

值得一提的是，如此形式语言亦有助于泰顺社区活动中心之类贴近民间使用之村里公共建筑（社区层级之泰顺厝）的设置。故而拟以此形式语言为基础，结合特殊的空间文化布局，进行“泰顺溪山社区活动中心”的规划设计：特别是纳入“乡里之胎”（泰顺大厝正厅通常为夯土地板保有土地来龙之胎气）结合“村史展示”等空间以因应精神生活之需；并设置食堂、文化礼堂（村民联欢活动）、村办、图资室（小小图书资料库）等以接续传统与现代生活之需；同时，并将整体建筑组群置于“山台院”上，前布潺缓流动之环水（“泰顺溪”）配以山石（“泰顺石”）以象征所在之“溪山”环境。水池上则跨以接引村民入内之石板桥并立旗杆碑石以显乡里之名号。水池内之庭埕则植有大树并设置村民闲憩社交之“里仁台”，里仁台一带亦设立高挺之“迎曦亭”（此亭依据村里特色之不同而可以有不同之命名）以仰日月星辰等之光彩，务必让人间聚落借由社区活动中心之营造而重新获得接壤宇宙与回归天地之契机，也让社区活动中心本身升华为泰顺聚落的乡里生命中心（图5-89、图5-90）。

营造若此，则期待在此基础上，进一步结合泰顺既有呼应气化仙陵宇宙的溪山城镇（村落）特色，透过空间文脉的修补，全力打造泰顺城镇及村落以“理水显山、垒土接脉、引气化胎、布局塑形、蕴景彰物、比德凝境”为特色的溪山园林格局，与独特的山洋地貌、建筑色彩、周遭物色等，形成“青山、滢水、绿野、红道、土垄、玉洋、碧树、苍石、蓝天、紫气、土墙（粉土墙或青砖墙）、灰台、石基、驼柱、黛瓦、素烟、彤桥”的城镇（村落）主色调，以便借由万物似锦、溪山浩陈的“白贲”之美，充分彰显出泰顺山境诚礼天地、敬重人和，有如仙境般屡屡克服狂暴黑暗而最终转向“灵明太清”的地方精神！（本章作者为萧百兴[①]。）

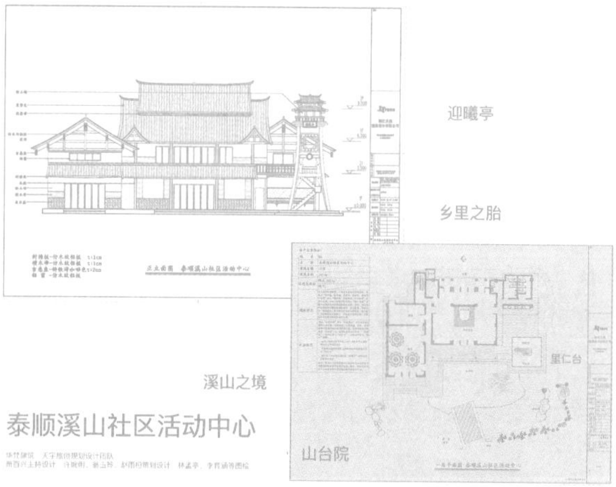

图5-89　泰顺溪山活动中心设计

图5-90　泰顺溪山活动中心设计

① 萧百兴，教授，目前任教于台湾华梵大学建筑学系/智慧生活设计系空间设计组。

第6章

地区人文性空间的公共设计关怀

6.1 关怀弱势与空间正义的另类都市更新设计思维

6.1.1 历史街区再发展对“人文性”的冲击与破坏

“历史街区”在城乡现代化过程中，不是被视为“窳陋地区”而遭到“更新”，就是被视为具有“旅游商业潜质地区”而面临商业化及资本逻辑的全面改造；前者全面将历史街区形貌予以销毁，代之以全新的现代建筑，后者虽存留历史街区的躯壳，实则去除了空间的灵魂，两种规划理念共通之处，在于严重戕害了空间人文性。

旧空间的再发展，虽然必须正视经济效益，以求其可行，但若仅以“利益”作为再发展的唯一目标，毫不考虑其他非利益的“价值”，势必导致扭曲的发展，形成另一种必然令人后悔无及的浩劫。当然，旧空间不可能完全冻结保存原来的生活方式，但也无须全面置换。对规划者而言，设计关怀最关键的核心价值，在于如何扮演自觉的角色，在政府或开发商的决策过程中，适时注入一些可以被接纳的规划命题，以谋求一些非利益的价值理念，使其得以存续，其中，最重要的一个课题，即是抽象的空间“人文性”保存。

所谓的空间人文性，不应仅止于外在的形貌，更深层而言，对于原本在历史街区中的文化生活、历史意义以及潜藏的空间文化价值，都应该被视为努力存续的重大课题，虽然无形，但却不可视为无物。

历史街区的人文性虽然无法精确地诠释出整体内容，笼统而言，就是能够令人真实感受到历史地点独特的当地文化生活感觉：“当地人的地方工艺、饮食、产业、社会生活的步调、人的交谈和互动、真实的日常及节庆生活方式（Life Style），当然还有自然成长的老街历史意象和周边与生命共生的自然地景。”其中，与一般以文化消费为着眼点的旅游观光规划最大的差别在于：“真实性”对比于“虚构性”，“当地性”对比于“外来性”，“自然而然的生活方式”对比于“展览演出的生活方式”，“利益分享于当地人”对比于“利益集中于外来人”，“地方风味的空间性”对比于“国际品味的空间性”。更严重的是，当开发权力及利益由外来资本家结合于一身之后，当地人赖以存续的立身之地被集体迁移，替代为以旅游公司指定的经营者在老街中作虚伪的文化包装，形成一个文化商业市场。这个现象，不但谈不上历史保存，连“再发展”的意义也丧失殆尽，而老街的人文性更被连根拔起，成为一个“去文化”的空间躯壳建构过程。

6.1.2 北台湾“历史风貌特定区”政策决定与规划实践的社会经济脉络

北台湾以都市计划的手段进行保护之历史街区有大稻埕迪化街、三峡三角涌老街、深坑老街等，上述之历史街区的形成与遗产保护均有河港、船运的发展（图6-1、图6-2）加上殖民时期发展陆路交通、道路拓宽骑牌楼立面整建的市街改正计划，是具有从清代、日本占领台湾到光复后各时期历史脉络光谱的典型汉人河港聚落。本章节因篇幅有限，仅聚焦于三峡“三角涌老街”以及“深坑老街”两个历史街区保存与活化案例，从关怀与自觉的观点以非利益价值的取向，探讨个案从规划到实践的成功与挫折。

1. 三峡三角涌老街的保存政策变迁

以三峡“三角涌老街”为例，三峡镇居台北盆地西南边缘，地势由东南渐向西北倾斜，两条主河，三峡溪（即三角涌溪）和横溪，发源于东南，绕境西边，而于东北注入大汉溪，此区最早为原住民平埔族，及泰雅人的大豹、诗朗小区。清嘉庆年间，人口骤增渐成聚落，

图6-1　淡水河岸码头船运贸易地景
（图片来源：三峡镇志）

图6-2　三角涌老街水岸码头历史地景
（图片来源：三峡镇志）

乃改其旧称为“三角涌”（图6-3、图6-4），日本占领台湾时期于1920年改称“三峡”。

北台湾的历史街区保护经验在20世纪70年代资本逻辑经济发展快速的时期，城市遗产保护曾历经决策错误的过程，是一个血泪斑斑的经验，虽然各地状况不同，但其发展历程之现象分析值得两岸城市遗产保护关注者进行认识与参考。而位于县城的“三峡老街”即为一个典型的个案。1971年三峡老街的都市计划，以现代理念，计划将原本六米的旧路拓宽为十五米的道路，1989年老街建筑面临拆除，1990年经文化人士奔走，媒体呼吁保存，当地政府改变计划，于1991年公告指定古迹，但因当时维护经费不足，老街倾圮造成民怨，此外当时房市景气，开发商鼓励居民拆除老屋建大楼，1993年当地政府宣布解除古迹指定，并于两年后变更都市计划，拟予拓宽。但因缘际会，是时房市衰退，兼以当地城市遗产保护观念逐渐兴起，当地政府遂又强力介入，于1998年以“历史风貌特定专用区”概念重新定位三峡老街，并拨列三亿元作为整修经费，当地县政府遂于2000年拟定变更台湾三峡都市计划《变更三角涌老街历史风貌特定专用区再发展方案书》，积极进行历史街区的保护及发展。

居民对于当地政府的城市遗产保存政策，大多以妨碍其土地开发权力为由，多数表达反对。但渐渐因下述

图6-3　三角涌老街聚落鸟瞰及内街旧照
（图片来源：三峡镇志）

图6-4　三角涌老街旧照
（图片来源：三峡镇志）

社会条件的演变，由反对转而全面支持及配合：

（1）当地政府在全民“文化遗产保护”意识高涨下，坚持“不拓宽街区”之政策意志。

（2）当地政府编列维修经费并订定完备补偿办法。

（3）规划团队在当地成立“工作站”并召开公听会，与居民充分沟通协助居民争取权益，逐渐获得地方意见领袖的支持。

（4）“示范户”的初期维修成果，重建居民对当地政府的信心。

（5）居民仍保有原有空间的所有权及产业经营权。

（6）老街公共设施（道路、上下水道、水电设施、照明、消防）及环境景观全面改善。

三峡老街的店屋，原属私人产权，当地政府介入维护政策，由2003—2005年短短2年间，获致绝大多数居民的支持，关键原因，在于居民权益获致充分保障。而政策数次更迭，一方面也有赖于文化界的都市遗产保护意识抬头，对当地政府形成压力，另一方面因房市景气的经济条件，使地区开发潜力起伏不定。

居民对政策的犹疑，若非借由规划设计团队居间释义并协调，必定将引发保存政策甚大阻碍。因此，规划方案的内容，一方面必须详尽列举居民的权益关系，平息居民对老街再发展利益不公的质疑，另一方面必须针对实质环境及人文性存续有全面性的探讨，方能响应地方文史团队强烈的期待。

2. 深坑老街的保存政策变迁

（1）深坑地区人文背景

清乾隆年间因汉族人的开发逐渐侵入泰雅人的游猎场域而辟设聚落及隘口（图6-5），深坑早期因适合船只停泊而兴建渡船码头，形成热闹的货物转运站，后因开垦重心迁移，万顺寮渡口的地位遂为深坑街渡口所取代（图6-6）。当时深坑作物以大菁及茶叶为大宗，1880年大菁出口贸易总值居

图6-5 1945年的深坑聚落鸟瞰旧照
（图片来源：深坑乡志）

图6-6 1945年的深坑渡口旧照
（图片来源：深坑乡志）

全台首位，后因山地原住民威胁，大菁生产逐渐没落，转为利润丰厚的茶叶。1820年即有安溪人至深坑土库地区植茶，并扩散至附近各庄，深坑可说是台湾最早的茶乡之一，也因位于文山地区茶叶输出的水陆交通枢纽而极盛一时。光复后因新店及坪林茶园大兴，木栅也极力发展观光茶业，深坑则因交通不便且地处偏僻经营每况愈下。

（2）相较周边都市落后发展而保有怀旧商业氛围的深坑老街

深坑市街的形成最早为万顺寮街，至清嘉庆初年深坑街肆已然成型。深坑街当时为不及两米的三合土路，两旁均为草厝，中段的王爷宫曾经发生火灾，波及附近

图6-7　1945年的深坑街旧照一
（图片来源：深坑乡志）

图6-8　1945年的深坑街旧照二
（图片来源：深坑乡志）

图6-9　光复初期深坑街航照图
（图片来源：农林航空测量所）

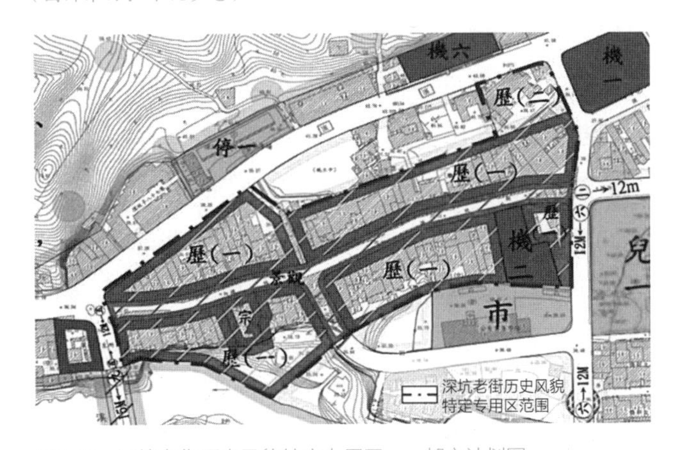

图6-10　深坑老街历史风貌特定专用区——都市计划图
（图片来源：新北市城乡发展局官网）

的草厝，乃改为土墢砖墙造、硬山搁檩的长形街屋。当时景美溪水位高可行船，曾有一段很长的水运时期。深坑原以农业为主，但自栽种染布重要原料——大菁后，开始走向作物经济。

清同治到光绪年间（1862~1895年），淡水成为通商口岸，深坑乃成为文山地区茶叶的集散地，借由景美溪船运将货物传输于艋舺及后期大稻埕，并将民生用品运回深坑，当时的商店主要以供应四境地区民生必需品及茶叶转售为主，依据1938年统计，深坑地区的商店率高达8.84%，远比当时的木栅、石碇要高出许多，成为台北第三级市街（图6-7、图6-8）。

1915年，进行“市街改正”计划，将原本的三米道路改为六米宽的计划道路，形成今日大致模样。1920年以后，深坑层级降低由深坑厅变成为深坑庄，景美溪又因淤浅，当地商业一蹶不振，直至光复后，深坑并无太大的发展（图6-9）。

20世纪60年代，深坑因豆腐一夕成名，成为深坑地区特色小吃，90年代后文化休闲消费形态增加，深坑的发展性质逐渐转为都市经济分工下的文化依赖性质观光产业。当地县政府于2008年变更深坑都市计划拟定《变更深坑老街历史风貌特定专用区再发展方案书》（图6-10），积极进行历史街区的保护及发展。

6.1.3　以“保存/整建维护”为核心的都市更新范型经验之特殊性与重要性

以三峡三角涌老街以及深坑老街两个个案保存的重

要性而言，不仅止于一条老街生命力的复苏，更重要的是体现出台湾城市遗产保护维护的新途径，都市计划结合城市遗产保护的理念；城市遗产保护专业整合居民参与及沟通行动；硬件建设政策更结合了产业再造的机制。凡此种种，成为当地政府、老街居民、城市遗产保护多赢的新案例，“历史风貌特定专用区”的特定区规划形成一个另类的“都市更新”范型，其过程及经验，足以作为其他“历史街区”保存及城市遗产保护规划的参考，弥足珍贵之处，在于国外的历史街区规划策略、行政协商以及居民沟通案例，与两个保存活化个案存在不尽相同的歧异，此乃归因于台湾社会脉络的特殊性，惟其如此，北台湾历史街区的保存经验之纪录与探讨分析具有其独特性及重要性。

本章后续的小节主要在探讨以保存、整建维护为核心的都市更新，在保存活化的商业机制之外，聚焦于探讨官方与规划设计者注入的地区“人文性”规划理念，作为关怀设计的核心议题，并从三峡老街及深坑老街保存活化的案例进行规划论述与设计理论的提炼。

6.2 三角涌老街历史风貌特定专用区“人文性”规划理念分析

三角涌老街周边环境整体规划构想，主要在于界定三角涌老街空间意义在不同历史阶段之定位及角色，希冀能于历史街区内传统的长型街屋空间，精致地表现自清代迄今三角涌老街的多重空间意涵，其经历以下几个空间角色历史阶段之面貌：

（1）清代：河港聚落商业市街，以染坊为主，批发日用品为辅。

（2）1895～1945年间：运输木料、煤炭之联外交通轻便铁路。时为地方重要产业动脉。

（3）1945年后：作为地方产业动脉之联外交通功能降低，成为地区之道路；地方商业活动转化为地区性服务住商混合街道。

（4）未来定位：具有地方文化产业特色之历史人文生活游憩街区。

6.2.1 三角涌历史风貌特定专用区规划构想

依据2000年8月所核定的三峡镇都市计划通盘检讨中所修正之特定专用区目标及定位，反映三角涌老街的整体规划目标：

（1）街区历史风貌之多元展现：

重现并保存多个时期多元的空间意象。街区硬件空间形式与软件地方文化产业活动相互整合。

（2）三峡地方性在地产业经营之扶持：

整修前自发性的文化性消费形式主要有：古董古玩店、古董家具店、蓝染传统服饰、三峡文石艺品。

（3）鼓励与引导未来兼容性之产业活化与文化生活之整合方向：

在地传统产业、特色餐饮永续发展如三峡制茶碧螺春（图6-11、图6-12）、传统地方小吃饮食（图6-13）、结合乡土教育系统进行跨领域之延伸的生活艺

图6-11 台湾三峡茗茶碧螺春
（图片来源：三峡镇志）

图6-12 文山地区采茶情景
（图片来源：三峡镇志）

图6-13 台湾名产三峡米粉
（图片来源：三峡镇志）

图6-14 每年定期举办之龙舟赛
（图片来源：三峡镇志）

图6-15 蓝染制作流程
（图片来源：三峡镇志）

术、传统工艺、文化展演、节庆活动（图6-14）、蓝染工作坊（图6-15）及匠师传承工作室、戏曲演艺工作坊、生活杂货、文史工作室等。

（4）整合“山”“老街”及“水”的可居与永续发展环境。

整合山、水及老街传统地景空间及休闲活动：将鸢山、老街及三峡溪、中埔溪等历史地景作整体性规划，使目前线性的单一老街游憩行为扩展为面状的区域可居环境与人文游憩地景。由现状的“临街店铺空间”向外扩展卖场面积，另行开辟“街廓内部”之后街小巷文化工作坊空间（图6-16）。

（5）重塑中埔溪历史角色，揭露溪畔空间的场所意义。

联结老街区外的重要历史人文地景，如祖师庙、清水街、福安宫、天主堂、三峡溪畔浣布空间等，使本街区之整修计划成为整合三峡历史空间的契机。

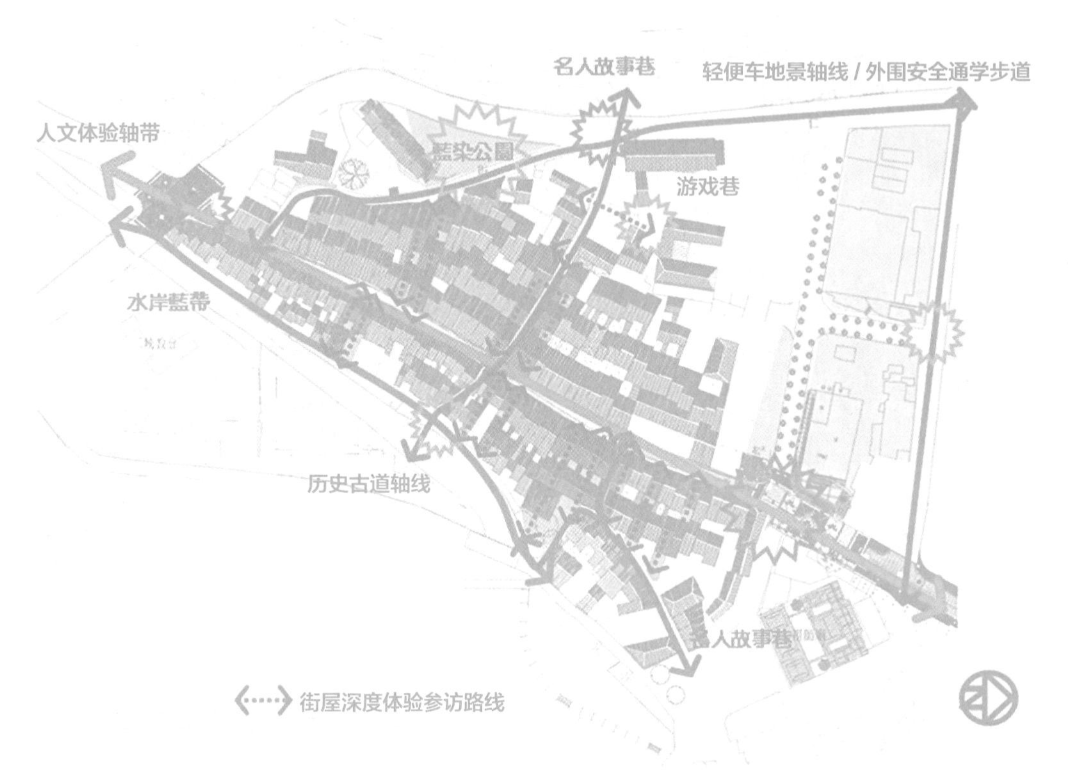

图6-16 三角涌历史街屋人文游憩深度旅游体验参访路线规划图
（图片来源：徐裕健建筑师提供）

6.2.2 “地方风格”塑造及历史风貌特定专用区都市设计准则的建构

经过驻地工作站的课题收集，以及细部规划、设计的操作，经过县“都市设计审议委员会”审议及公开说明的操作机制，建构地方集体风格落实“城乡新风貌”的“地方风格”的形塑准则。

6.2.3 历史风貌特定专用区人文商街及开放空间规划准则

1. 再现街道之历史纹理，维持原有街道之形式及尺度

将早年间的台车轨道以铺面形式复原其意象，而以平整于路面为原则，以兼顾徒步的安全及便利（图6-17）。

2. 街区两侧骑楼立面之修护及复原

依据不同时期的立面形式，复原清代红砖砖拱、早年间的砖砌工法、洗石子工法及面砖等材料形式。山墙依现况巴洛克风格及文艺复兴风格修护，铁窗多采用Art-Deco风格并依现存的形貌维修或仿作。

3. 亭仔脚（骑楼）内的历史意象修护课题及对策

（1）亭仔脚（骑楼）内的店铺门面及历史风格形塑（图6-18）

图6-17 历史街道规划意象示意图
（图片来源：华梵大学文化资产研究中心绘制）

图6-18 骑楼规划意象示意图
（图片来源：华梵大学文化资产研究中心绘制）

列为形貌及风格复原的重点，由于游客参访的主要动线同时涵盖街道上以及在亭仔脚（骑楼）内两种空间，其空间的体验受到店铺门面的影响甚大，而传统门面的形式与骑楼立面的历史风格息息相关，又具有极为多样的特色。因此，对于店铺门面后期已遭修改者，必须列为复原项目，包括木构板屏门面、清式零售店铺、洗石子、上下拉窗店铺、铸铁拉门门面等。避免以单一且制式的统一形式设计，落入僵化历史风格之情境。

（2）亭仔脚天花板历史意象修护

改变之前当地政府补助修护的亭仔脚天花板采单一“硬山搁檩形式”的规制，以不同时期的构造风格，强化多元化的天花板。如：日本占领台湾时期石膏线脚天花及压花印模之吊灯顶饰。

（3）地坪铺面形式／多元化且具各时期历史风貌质感的设计。

清代以闽南地砖、日本占领台湾时期以磨石地坪嵌铜条为主。

（4）亭仔脚步廊内之照明灯具

清代店铺样式采灯笼、日本占领台湾时期则采玻璃罩灯及吊灯。

4. 老街夜间特效照明系统规划

（1）骑楼拱圈柱中段作窄角度投光之复金属灯具照明，以线形光源强调柱子意象。

（2）牌楼面特效照明：以灯具对拱圈作投光照明。

（3）与历史建筑协调之夜间照明色温之处理及照明系统。

避免路灯形式破坏历史意象：采用色温2900K灯具对红砖面作高显色性的投光照明，突显红砖的本色，以低角度隐藏灯具照明设计灯具配置，街区的整体照明以立面投光形成的间接照明为主体，不再设置路灯（图6-19）。

5. 街道公共设施规划对策

（1）水电、电信、有线电视线路等以地下化方式布设于街道铺面下方。

（2）选择主要节点（街区入口/街角）等位置，集中设置解说牌、休憩座椅及垃圾桶等服务性设施，并符合Art-Deco形式基调（图6-20），并规划成为街区景点。

6. 历史古道及后街人文巷弄联结与规划

依据现有巷弄，整治为高质量步道系统，形成较明显的与老街垂直的三组次要步道系统（图6-21）。

整治仁爱街巷道，形成联结“老街”及“仁爱街”并通达鸢山地区（图6-22）。

整治59巷联结“老街”及“中埔溪”“祖师庙埕”的第二轴线（图6-23～图6-25）。

图6-19 三角涌老街夜间特效照明模拟
（图片来源：徐裕健建筑师提供）

地方文化< logo >观念融入具体环境意象改善之设计方案

历史特色产业元素发掘

- 蓝染意象
- 三峡米粉
- 轻便车道
- 樟脑意象
- 三峡茶文化

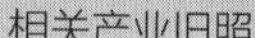

相关产业旧照

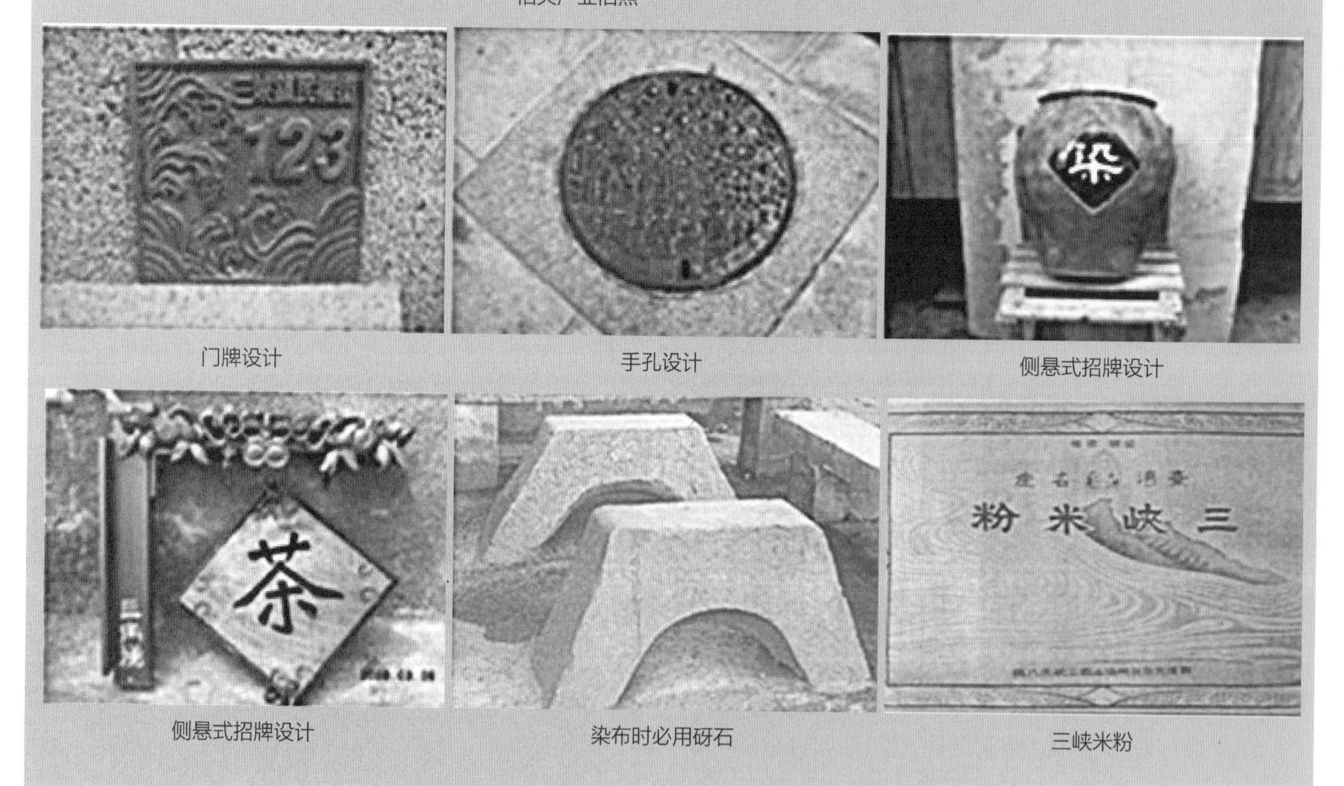

门牌设计　手孔设计　侧悬式招牌设计

侧悬式招牌设计　染布时必用砑石　三峡米粉

图6-20　三角涌老街地方文化意象元素
（图片来源：徐裕健建筑师提供）

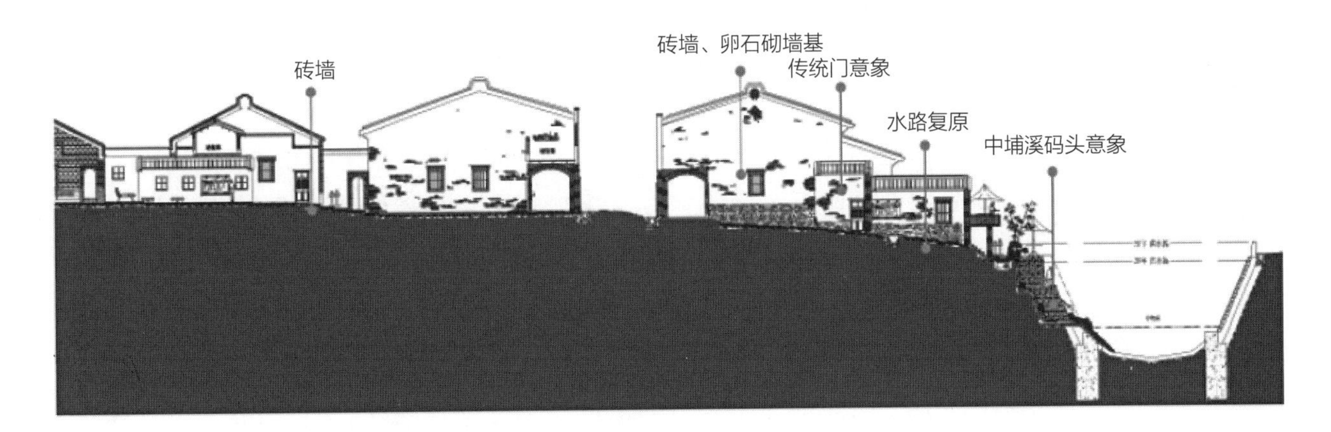

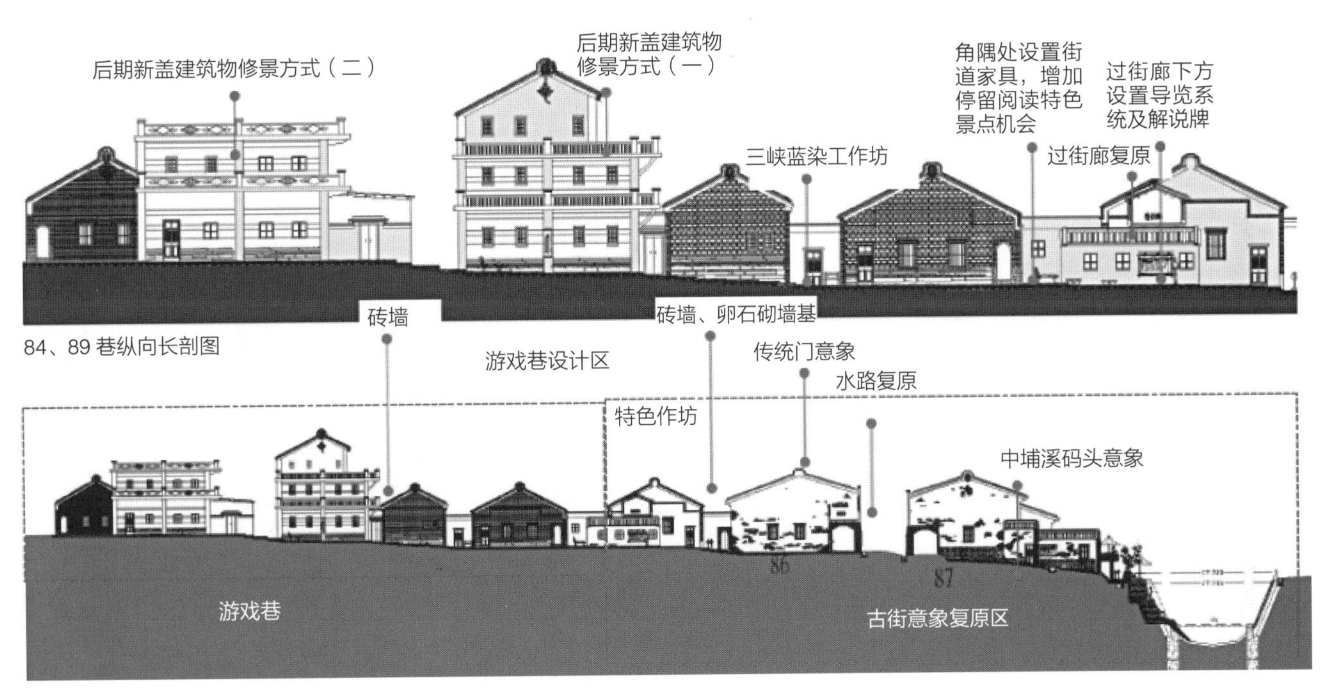

图6-21 保存较完整之后巷空间形式，如过街廊、巷弄生活空间、鸢山与河岸连接之古道等
（图片来源：徐裕健建筑师提供）

图6-22 巷弄历史街屋修护及环境修景
（图片来源：华梵大学文化资产研究中心绘制）

图6-23 人文故事巷弄塑造与特色院门修复
（图片来源：华梵大学文化资产研究中心绘制）

图6-24　中埔溪清水计划
（图片来源：华梵大学文化资产研究中心绘制）

图6-26　后街巷弄修景及过街廊复原
（图片来源：华梵大学文化资产研究中心绘制）

图6-25　住户临溪面之历史码头亲水空间复原
（图片来源：华梵大学文化资产研究中心绘制）

整治84巷及89巷，形成联结“鸢山”及“中埔溪”之垂直步道轴线（图6-26、图6-27）。

7. 辟筑与老街平行之次要步道，以活化内部街廓之空间使用

（1）利用民权街44～82号双号侧基地线末端辟筑宽度4～5米的次要巷道，以联系中山路及84巷（图6-28）。

（2）此次要巷道周边目前有完整合院、小尺度天井街屋等多元化的街屋类型空间，居民可采取旧风貌复原手法，使之成为具有老街空间纹理而作

图6-27　街道巷弄节点与山涧排水明沟复原
（图片来源：华梵大学文化资产研究中心绘制）

图6-28　街道巷弄布告设施示意图
（图片来源：华梵大学文化资产研究中心绘制）

图6-29　后街巷弄人文生活空间
（图片来源：华梵大学文化资产研究中心绘制）

图6-30　蓝染原料大菁
（图片来源：华梵大学文化资产研究中心提供）

为地方文化产业活动经营，或为传统蓝染作坊、茶艺休闲空间、传统戏曲展演空间等（图6-29），增加老街文化游憩空间的丰富性，文化生活可自三角涌老街主街面蔓延进入街廓内部。居民亦可利用后段空间新建为住宅使用，其出入可独立，亦可提高其使用便利性。

6.2.4　兼顾集体记忆及弱势群体使用与扶植文化创意的蓝染体验园区

蓝染为昔日三角涌老街最富特色的传统产业，但却日渐式微，在20世纪80年代三角涌历史街区保存挫败的同时，参与历史街区保存运动的文史工作者将古迹保存的热情转而投入产业保存，多年从事蓝染工艺技术保存与活化的协会成员，逐渐有能力推广教学与技术研发，然而历史街区保存整建维护后因中产阶级的文化观光所带来的缙绅化（Gentrification）现象，其在观光产业的夹杀下将成为弱势的文化产业，因此后街巷弄以及公园用地开放空间的规划，更应强化弱势群体及文化产业传承体验的目的。

三角涌老街蓝染公园基地范围内的旧有合院建筑，保留地区居民集体记忆，并将传统蓝染产业作坊及银发族群的活动空间纳入规划内容：

（1）旧有合院建筑保留修护，再利用作为旅客服务中心及蓝染工坊，并于合院建筑前侧规划染布漂洗池及菁礐池，此水池与合院构筑成一个完整的合院建筑意象，并提供蓝碇原料制作及蓝染漂洗之用（图6-30、图6-31）。

（2）园区内由蓝染工艺师示范教导深度旅游之游客如何制作蓝染工艺，建置蓝染工艺教室及漂洗水池，供蓝染教学使用，并搭配大菁植栽区，形成一完整的蓝染主题公园（图6-32）。

（3）设置蓝染博物馆，介绍蓝染工艺制作方式及器具，展示昔日三角涌老街居民与蓝染工艺的关系，并于博物馆前规划小型展演广场，提供蓝染节庆活动使用（图6-33）。

图6-31 蓝靛制作过程教学及体验及青碧池规划
（图片来源：华梵大学文化资产研究中心提供）

图6-32 传统蓝染作坊一
（图片来源：华梵大学文化资产研究中心绘制）

图6-33 传统蓝染作坊二
（图片来源：华梵大学文化资产研究中心绘制）

（4）三角涌老街蓝染公园细部设计准则：

①本公园的主题既为蓝染公园，其展示内容宜以蓝染为主，包含大菁的种植，生产器具，煮、浸、涤、晒、绷、碾等制作过程，皆应列为展示内容，并提供教学区域，供游客实际操作。

②提供老人及孩童活动的空间宜设置于一层，且活动空间内应尽量减少高差，避免造成意外伤害。

③公园范围内的建筑仍在三角涌老街历史风貌特定区内，其建筑高度不得超过13米，且建筑语汇的应用需以传统语汇为主。

④社区公园活动广场及停车场等以天然块石、天然植被处理表面，并以“生态工法”处理面层。

⑤三角涌老街周边环境中的电话亭、解说牌及休憩座椅、垃圾桶，皆可以三峡地方中的传统语汇、材料、形式，构筑成自然而较朴素不突兀的公共设施。

⑥社区公园的厕所外观及材质以三角涌老街街屋的建筑语汇形式作规划，以符合地区文化风格。

（5）弱势族群活动场所之提供

老人、孩童、文史工作者皆属于三角涌老街弱势族群，应于三角涌老街蓝染公园规划适合老人、孩童活动的场所，并应设置文史工作者办公空间，与文史工作者配合导览解说三角涌老街的历史文化，以及教导民众蓝染工艺的制作（图6-34）。

图6-34 社区会馆示意图
（图片来源：华梵大学文化资产研究中心绘制）

图6-35 户外工艺教室
（图片来源：华梵大学文化资产研究中心绘制）

6.2.5 地景绿化及造景植栽规划对策

1. 鸢山植栽及地景规划

鸢山在历史进程中，清代原为染布自然植物——大菁的产地目前已辟建为运动场，未来若配合老街传统产业文化的发展，其角色功能宜转换为原大菁植栽的地景，同时其上因有腹地，可布设大菁酿制染料的作坊空间及染布曝晒空间（图6-35）。

2. 历史产业蓝染户外体验园区

九号公园附近为老街后巷空间，其性质较适宜产业工作坊及乡土教学空间，因此九号公园除可供游憩外，因本地区欠缺绿地，故宜植栽大菁作物或鸢山地区的原生树种。

6.2.6 节能减碳、乐活与可居的历史风貌徒步区交通配套规划构想

首先，由交通局评估以特许路权方式，条件式开放县内公交车业者以中型公交车行驶该区段之运输效益，其次，再评估停车票证与搭乘接驳公车票证流通使用的可行性，甚至可扩及三莺地区公有展演场所有入场票证之流用，以有效结合三莺两地的老街市街游憩活动串联，减少自有小客车在两地市街的交通负荷量及停车量，增加两地游憩参与人口的流动，与台北大学城的旅次活动需求整合（图6-36）。

1. 停车规划对策

三角涌老街区，理想停车之步行距离以方圆200米范围内最为切当，故可位于三角涌老街蓝染公园及鸢山公园规划停车场，解决老街内未来的停车问题：

（1）三角涌老街蓝染公园的停车位规划由第一落住户优惠承租。

（2）鸢山公园内停车场的兴建方式规划由未来三角涌老街第二落兴建时设置停车场，或以缴纳资金方式，专款专用由停管处以公共财产方式辟建鸢山公园停车场，由三角涌老街住户优先承租，鸢山公园地下停车由停管处评估，其停车场辟建方式以地下开挖方式兴建，表面覆土2米厚，并以植栽方式进行景观绿化。

2. 与轨道交通的捷运系统配套建立三莺地区转乘接驳公交车系统

配合台北大学城的大型停车场的辟建及莺歌河滨绿地开辟的停车场，以及三角涌老街与莺歌老街两地进行行车管制等措施，有效地解决三莺地区非常假日的交通困境，且能提升大学城与河滨带的土地利用率，在冲击当地居民停车需求的最小范围内能合理地解决外来车辆的停车问题。未来此部分可提供交通局三莺地区交通改善措施的解决方案之一。

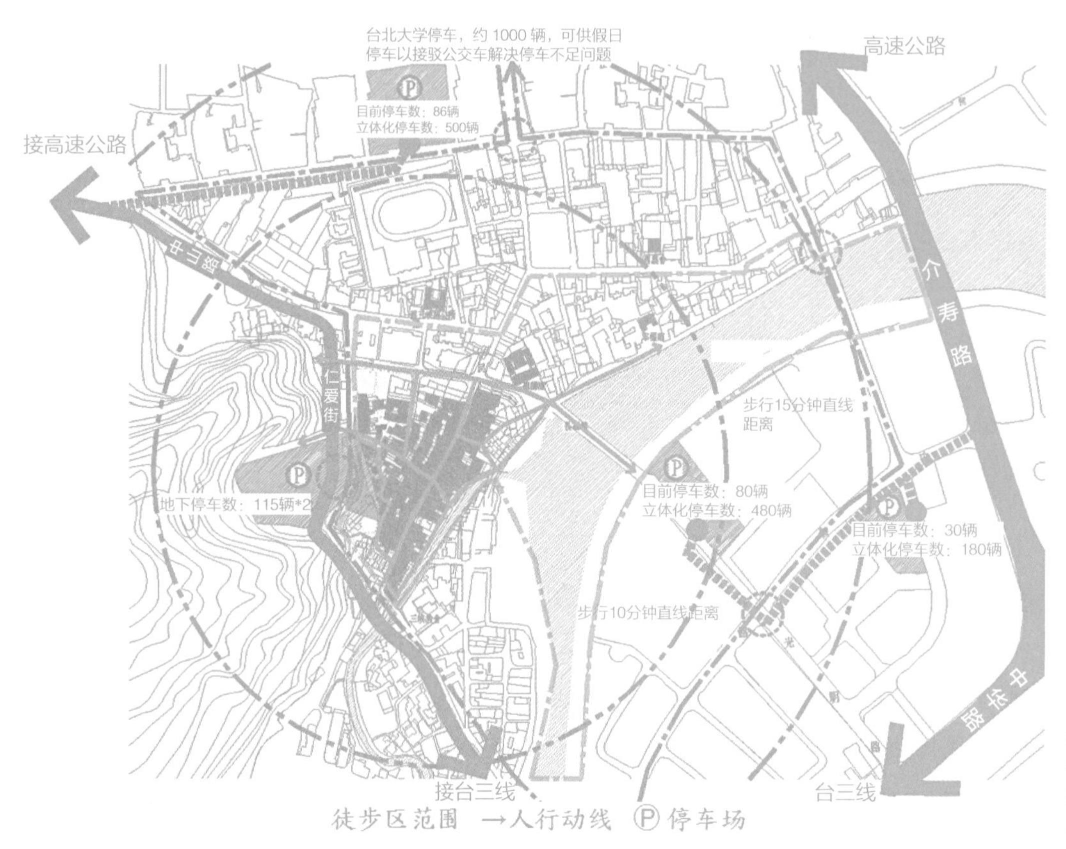

图6-36 三角涌老街乐活徒步区整体规划图
（图片来源：华梵大学文化资产研究中心绘制）

6.3 深坑老街历史风貌特定专用区“地区人文性”规划设计实践

深坑“历史街区”在台湾城乡现代化过程中，因地区保存“风水”的意识，1945年之后多次的交通建设均未冲击其聚落的核心区，因“落后发展”的现实觊觎房地产商品化与土地“交换价值”的政治力量，运作了拓宽马路的都市更新计划，因民意参与度不足的第一期的道路辟设，拆除部分街屋后遭遇居民强烈反对与抵抗，全面的道路拓宽计划因此延宕。当落后发展的小镇豆腐料理遇上了旅游节目的包装，深坑老街被炒作为具有“怀旧特色美食”的旅游商业潜质地区，而面临商业化及大众旅游市场逻辑的空间改装；人潮络绎不绝，虽存留历史街区的躯壳，然而迎合大众旅游机能与虚构的店铺怀旧氛围，实则是街道与骑楼充斥了大量且不当的违章与附加物。背离空间的灵魂，也严重戕害了空间人文的主体性。

民众利用已征收的骑楼用地经营豆腐美食产业，为迎合大众旅游的品位快速地耗损老街人文性内涵（图6-37）。但经营美食的商机抗衡了土地交换的价值，

图6-37 整修前民众利用已征收的骑楼用地经营豆腐美食产业状况
（图片来源：华梵大学文化资产研究中心提供）

图6-38　将道路划设造成居民抗争的部分纳入第一期规划范围，重构居民与政府的信任
（图片来源：徐裕健建筑师提供）

当地土地权利因为世代交替而造成权利移转断层，在当地居民转而接受保存的观点，1993年当地县政府因此委托华梵大学进行深坑老街保存可行性研究，并于2010年变更都市计划，划设“深坑老街历史风貌特定专用区”进行整建维护。

因地方政府划设道路征收而拆除老街，引发居民抗争的部分，作为第一期工程营造的示范户，重构居民与当地政府的信任（图6-38）。以华梵大学建筑系教授群为主的规划设计团队通过征收土地较多的示范户，列为第一期优先整建，让居民了解与当地政府合作整建维护的权利与义务（图6-39）；之后推动第二期工程规划设计，产权纠葛较难处理部分列为第三期工程（图6-40）。

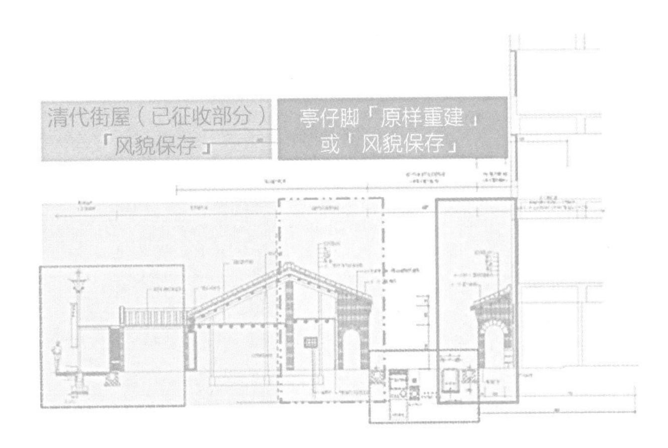

图6-39　政府与民间合作整建维护权利关系图
（图片来源：徐裕健建筑师提供）

6.3.1　权利与社区情感纠葛

通过保留街屋原有结构，外加结构补强的设置，让构造体可以耐震、抗风以及免于雨水、潮气与生物劣化的侵蚀，通过政府与民间的“公私合作”也就是住民参与共同讨论设计决策与工程督工，让僵固的社区关系、情感纠葛得以松动，零散

图6-40　深坑老街整建分期分区施工规划图
（图片来源：徐裕健建筑师提供）

的社区关系可以重新结构。

社区参与的原则首先执行商业行为密度较低的“示范户”营建工程，让民众理解政府补助范围之营造与私人接受管制与补助之权利与义务（图6-41、图6-42），以及让历史街区之工程营造找回社区之价值，通过“奉献”与“承诺”解决土地的权利争议，重构“空间正义”的价值。

6.3.2 以轨道交通运输搭配绿色运具、步行网络串联之人文与自然游憩圈域

通过轨道运输系统（大众捷运路线之延伸）解决都会区假日休闲旅游的小客车移动旅次，延伸之捷运系统设置于低开发密度区，设置跨河构造物，联结秀丽的景美溪两岸，增设一座结合慢活步行功能的人行桥梁，让旧城核心区过度拥挤的服务质量，转以水岸轴带为核心，恢复历史码头（深坑渡）核心，并作为地区人文与生态游憩重要的“虚空间”，通过巷弄、古道联结老街与周边人文游憩资源，而挑茶古道更可联结山林之秀，疏导地区文化观光的人潮（图6-43、图6-44）。

周边方圆200米内仅设置居民停车场，鼓励外围设置小型停车场，抑制小客车进入，控制“外来者”侵入性交通的干扰，营造历史街区亭子脚的生活风情，以恢复淡兰古道的漫步的历史质感。

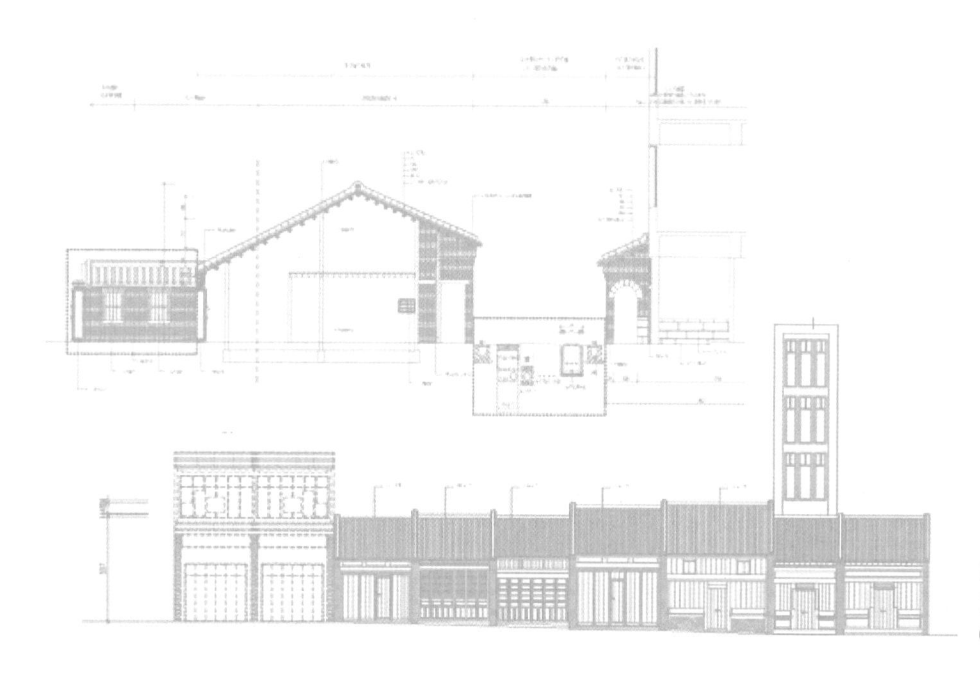

图6-41 第一期示范户工程的历史质感营造计划
（图片来源：徐裕健建筑师提供）

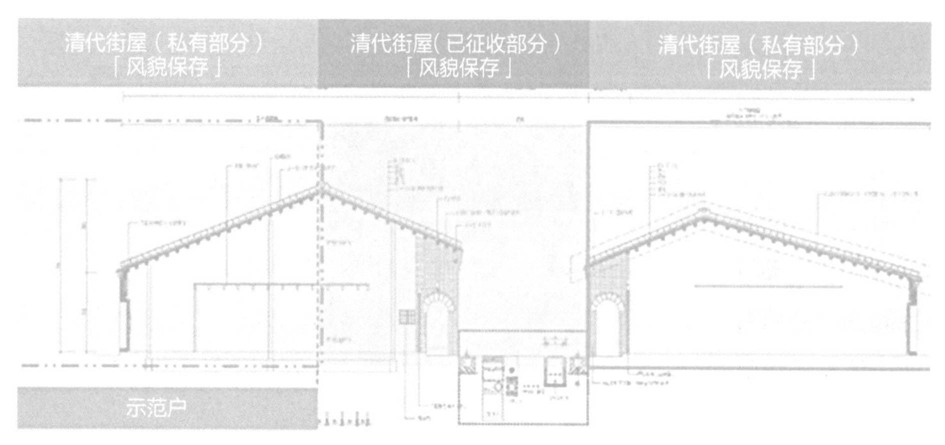

图6-42 不同征收范围的地权，产生复杂的公私合作平台
（图片来源：徐裕健建筑师提供）

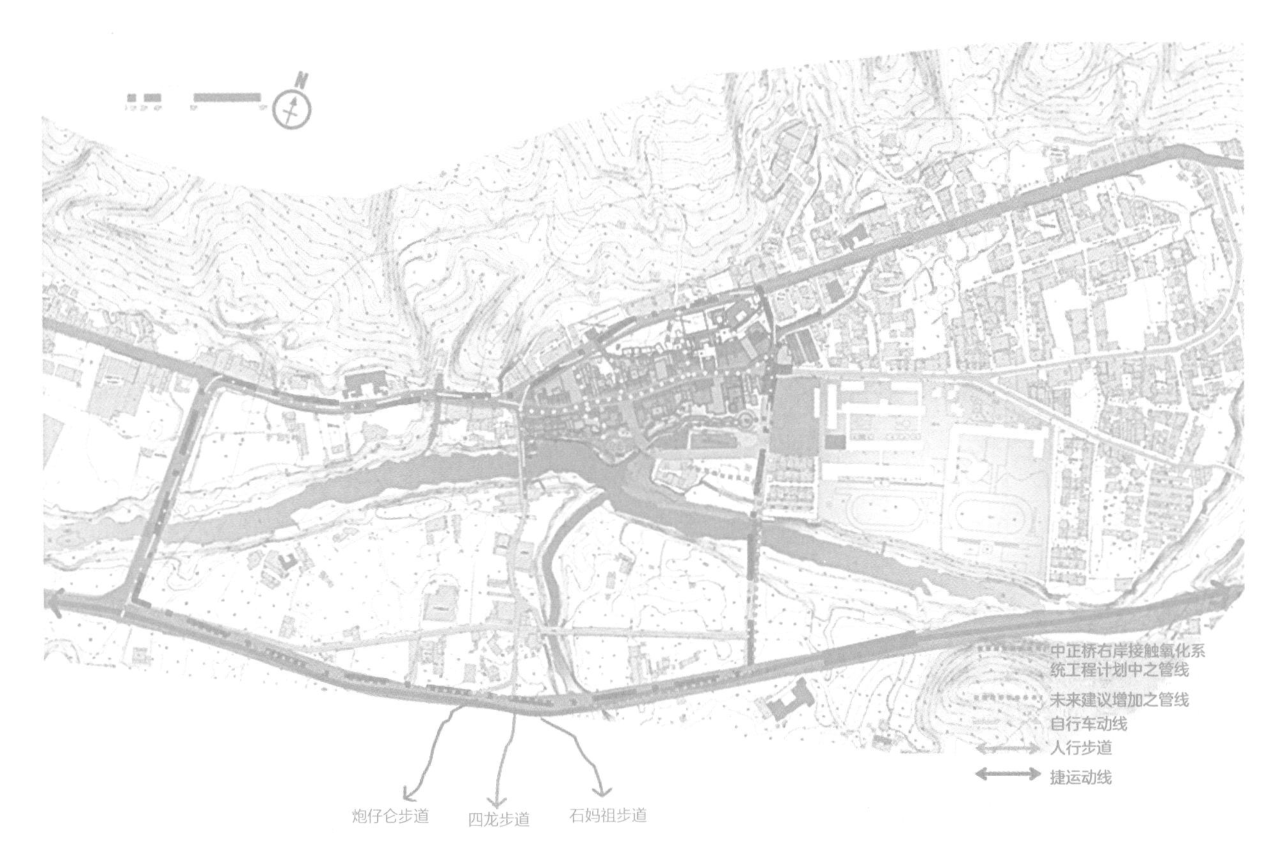

图6-43 以景美溪深坑渡为核心的历史街区运输与步行网络，联结周边历史景点
（图片来源：华梵大学文化资产研究中心绘制）

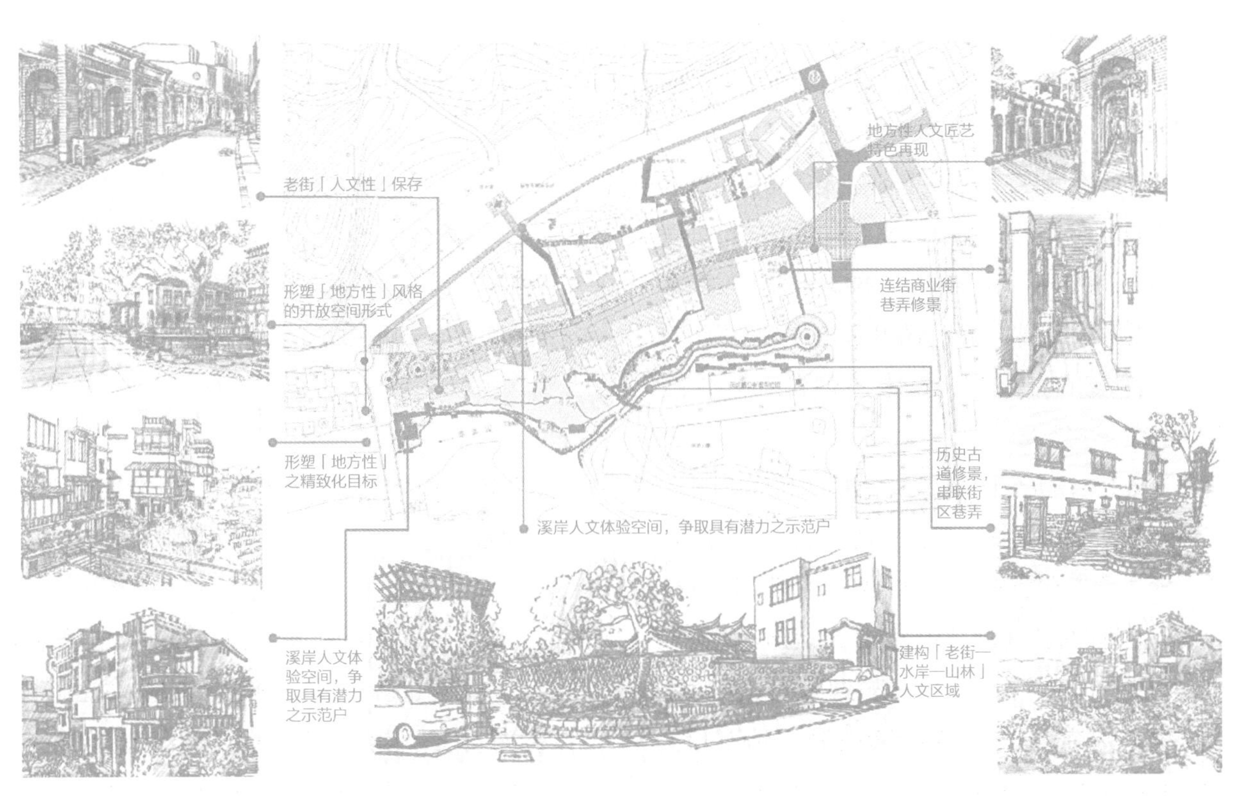

图6-44 历史街道及巷弄古道的修景计划，形成面状的深度旅游圈域
（图片来源：华梵大学文化资产研究中心绘制）

图6-45 深坑老街周边具有在地特色之古地道景与建筑空间
（图片来源：林正雄 摄）

6.3.3 发掘本区“地方性（Locality）”特质，避免“现代性”或“普同性”

深坑老街的再发展，虽然结合了怀旧美食豆腐料理与周休二日的经济效益，但放任民间的商业模式以“营利”作为再发展的唯一目标，毫不考虑其他非利益的“价值”面相，造就了扭曲的发展，居民甚至为了争夺设摊的扩充而扼杀了土地公庙旁的大树的生存空间。对规划者而言，整建深坑老街最关键的核心价值，在于如何扮演自觉的角色，在当地政府面对庸俗且均质化的商业利益的决策过程中，适时注入一些可以被接纳的规划命题，发掘本区“地方性”特质，避免商业化追求效率而导致的“均质性”“普同性”的“人文性”规划价值理念（图6-45、图6-46）。

深坑老街与周边环境“人文性”保存规划关注面向不应仅止于历史街区外在的形貌，更深层而言，对于原本在历史街区中的文化生活、历史意义，以及潜藏的空间文化价值，各时代历史光谱脉络的街屋构造形式保存、水岸开放空间历史质感氛围与地方感的家具与设施设计等之外，更应包括：地方有机农业、饮食文化、特色豆腐美食产业、百年麻油老店等产业活化、日常生活步调、邻里活动、集顺庙节庆生活、亲水与连接山林的生活巷弄的生活方式等。

图6-46 整修前因豆腐美食生意流失主体性之商业发展
（图片来源：林正雄 摄）

6.3.4 自然及人文生态博物馆理念的规划思考主轴

以“Eco-Museum”自然及人文生态博物馆理念，作为规划思考主轴，将区域内的人文生活方式及空间历史地景、自然资源地景视为一个整合的生活深度体验环境，加上适度开发，形成具地方特色的“老街—水岸—山林”的人文游憩潜力（图6-47、图6-48）。

图6-47　建构具深坑地方特色的“老街—水岸—山林”的人文游憩圈域一
（图片来源：华梵大学文化资产研究中心绘制）

图6-48　建构具深坑地方特色的“老街—水岸—山林”的人文游憩圈域二
（图片来源：华梵大学文化资产研究中心绘制）

1. 老街公共空间内之公共性课题

深坑老街原20米计划道路范围为老街整修的重点，其公共性课题不仅在硬件维修、景观美化方面，更重要的目标应在于如何承载居民的日常生活以及节庆的街道活动（图6-49、图6-50）：

2. 街区两侧亭仔脚之修护及复原

值得庆幸的是，深坑老街仍保有淡兰古道的重要商街意象，与三角涌老街最大的不同则是，清代红砖火库起街屋形成的连续砖拱亭仔脚，具有高度的“自明性”与历史意象、中间掺杂零星的日本占领台湾时期改建的欧式风格洋楼店屋、三座庙宇以及老树形成朴实自然的聚落风情。

3. 亭仔脚内之历史意象修护课题及对策

由于游客参访的主要动线同时涵盖在街道上以及在亭仔脚（骑楼）内两种空间，其空间的体验受到店铺门面的影响甚大，而传统门面的形式与骑楼立面的历史风格息息相关，又具有极为多样的特色，亭仔脚内的店铺门面，列为形貌及风格复原的重点。因此，对于店铺门面后期已遭修改者，必须列为复原项目，包括清式零售店铺、木构板屏门面，日本占领台湾时期洋风店铺。

为避免以单一制式门的统一形式设计，规划设计单位采取多元的历史风格考证与仿作形式设计研究，避免落入僵化历史风格的情境：

图6-49　1945年深坑街历史纹理
（图片来源：深坑乡志）

图6-50　维持旧街道形式与尺度的亭仔脚
（图片来源：华梵大学文化资产研究中心绘制）

（1）地坪铺面形式——清代以闽南尺砖、六角地砖，日本占领台湾时期以磨石地坪嵌铜条为主。

（2）亭仔脚天花板历史意象修护——依不同时期的构造风格展现，强化多元化的天花板。如：日本占领台湾时期的漆喰天花线脚及压花印模的吊灯顶饰。

（3）亭仔脚步廊内的照明灯具——清代店铺样式采用壁挂或吊式油灯，日本占领台湾时期风格则采用玻璃罩灯及吊灯。

（4）街道的历史氛围照明系统规划

• 与店招配合的各店屋灯具风格设计，避免招牌本身使用自体发光材质。

• 路灯系统照明——以低角度隐藏灯具照明为主，避免路灯形式破坏历史意象。街区整体照明借由立面投光形成间接照明形塑主体街道意象。

• 于骑楼拱圈柱上的造型门牌隐藏线状照明，作为投光之用强调砖拱回廊意象。

6.3.5 动员地方研究资源发掘历史及地方性课题

联结并动员长期对深坑投入研究的地方学术团队（华梵大学文化资产研究中心）、地区历史文史人力资源，共同深入发掘深坑历史人文、自然资源及地方性课题，补强并落实计划执行的可行性。

未来深坑老街成立形象商圈后店招的准则管制交由管理委员会执行，工程保固期后由住户自行维修。

阻车器规划，设置于街之头尾，以时段管制车辆出入。

1. 老街风貌保存及新建筑管制

（1）周边地景依原有地形地貌设计，避免对自然或人文地景形成冲击；

（2）老街内的景观道路应以早前时期市街改正的“地方性”风格的形式语言，发展道路及骑楼铺面、商家店屋开口部门窗、骑楼及亭仔脚吊灯、休憩座椅及垃圾桶等。

2. 地方性风格语言建构

历史古道、后街巷弄、景美溪岸周边空间应采深坑具有闽南文化“地方性”风格的形式语言形塑开放空间的美感质量及气氛，发展“精致化”的公共设施细部设计：步道及石阶铺面、水井空间、石崁护坡、休憩平台、座椅、栏杆、小桥、溪岸码头等（图6-51、图6-52）。

图6-51 骑楼历史风貌情境风格管制
（图片来源：华梵大学文化资产研究中心绘制）

图6-52 后街巷弄修景及绿美化
（图片来源：华梵大学文化资产研究中心绘制）

6.3.6 后街巷弄修景

1. 串联历史街区内之文化资产景点，设置自导式步道及解说系统

历史古道修景，串联历史街区内之巷弄，联结主要商业街区及停车场，建构完整之人文游憩圈域（图6-53、图6-54）。历史古道巷弄修景，联结主要商业街及后巷，建构丰富之人文街道参访体验（图6-55～图6-57）。

具有潜力的历史街区游憩圈域的溪岸人文体验空间，积极征求公有地权的住户签署同意书加入示范户的整建，建构居民的“信任工程”。

2. 老街文化游憩模式的体验予以“精致化”，并建立“地方性”风格的开放空间形式设计准则

（1）特色产业活化建立在当地豆腐文化创意产业示范工作坊（图6-58）。

（2）引接深坑街北侧山泉水（现况仍存在）至深坑老街内，进入现有的排水沟，由于山泉水为清澈水源，可冲缓老街内的污浊现况。

（3）现有的排水沟修正为“U”形沟，以改善现有排水沟杂物淤积现况（图6-59）。

图6-53 后街巷弄的黄氏古厝——地方文史馆
（图片来源：华梵大学文化资产研究中心绘制）

图6-54 过街廊巷弄整建
（图片来源：华梵大学文化资产研究中心绘制）

图6-55 临景美溪侧的生活平台与古径保存
（图片来源：华梵大学文化资产研究中心绘制）

图6-56 延续生活平台与亲水古径的修景计划
（图片来源：华梵大学文化资产研究中心绘制）

图6-57 深坑老街街尾老树历史人文节点生活空间营造
（图片来源：华梵大学文化资产研究中心绘制）

图6-58 庙埕美食特色摊区
（图片来源：华梵大学文化资产研究中心绘制）

图6-59 污水下水道兴筑完成后引入山泉水之清渠计划
（图片来源：华梵大学文化资产研究中心绘制）

6.4 历史街区之保存作为异质地方（Heterotopias）建构的物质基础

古迹保存可以是"异质地方的营造"，夏铸九（2016）先生在他的同名新书中提到历史保存透过镜像关系，建构一种深度的反省，也可以说，都市保存的反身性效果关系着市民主体性的建构。笔者在三峡老街与深坑老街的实践经验：历史街区的保存作为异质地方建构的物质基础，其"人文性"向度保存规划，包括特色产业、百年老店、地方工艺、饮食文化、生活步调、邻里活动、节庆生活、自然成长有机的生活巷弄、具有各时代历史光谱脉络的街屋构造保存、街道开放空间规划设计，以及节能减碳、"乐活"与"慢活"的优质生活圈域与交通配套措施等，均是本书历史街区规划设计实践理论性建构的关注核心。也就是说，透过历史街区的保存、周边环境的修补与重构、历史产业与人文生活的活化，重塑具有地区环境意义的生活方式，以历史街区的保存再生为核心建构可持续的城市（Livable & Sustainable Cities）规划论述。

6.4.1 关怀地域主体性、环境美学与集体记忆的设计思维

历史街区人文性空间的公共设计，其主要设计思维的核心在于探讨公共空间与日常生活的关系，从设计论述与实践的过程关注地区历史与集体记忆、弱势群体与公共利益、地域风格与环境美学、产业生态与可持续发展等重要面向。

1. 关怀地区历史与集体记忆面向的设计思维

旨在探讨都市历史纹理保存中缝合与修补的概念，强调整建与修景，将历史邻里视为生命共同体，从“城乡之傲”开始的地域管理开始，深入探究日常生活与节庆活动，细致地处理巷弄与广场的历史氛围与集体历史意象设计。

2. 关怀弱势群体与公共利益的设计思维

主要从设计面向探讨开放空间的使用正义，包括管制与奖励制度配套的对等，街道与巷弄友善环境的落实建构无障碍的城市环境，要求美食体验与环境卫生的改善，创造利益回归在地的文化观光机制。

3. 关怀地域风格与环境美学的设计思维

将设计关怀聚焦于地域性材料与构筑工法，传统匠艺保存与风格创新再现，利用科技工法保存历史质感，将精致与多元并存让历史街区展现活力，以历史街区的空间设计链接周边区域发展的对话，从公共空间的营造形塑文化观光与地区产业的可持续发展。

6.4.2 具“历史质感”的人文性保存规划营造理念

历史街区的“人文性”保存规划与营造必须让人真实感受空间的“历史质感”，也就是保存遗产构造的真实性、维持质感氛围的历史环境修补，以及在地产业、居民日常与节庆人文的生活方式保存活化。当地人的地方工艺、饮食、产业、生活步调、人的交谈和互动和真实的日常及节庆生活方式，当然还有自然成长的老街历史意象，以及周边与环境共生的自然地景。

其“人文性”向度保存规划关注面向包括：特色产业、百年老店、地方工艺、饮食文化、生活步调、邻里活动、节庆生活、生活巷弄、具备时代历史光谱脉络的街屋构造形式保存、开放空间历史质感氛围街道家具与设施设计等。这些个案聚焦于几个面向的空间营造与规划设计具有特殊成果与贡献：

（1）“亭仔脚”的街道“人文生活”历史质感营造：包括构造材料修复、附加物去除与保存科技工法运用、各时期门板式样的修复与仿制、多元的历史地坪风格、具历史质感的骑楼照明与灯具，以及旧有材料的再利用。

（2）百年老店、工作坊以及故事馆之空间叙事与规划设计（包括三峡百年吴服店、老油铺、蓝染工坊、纸糊店、豆腐作坊、土垄间故事馆），以及残墙、露台、老井等街道户外乡土教学的解说场域氛围设计。

（3）结合地方工艺特色匠人参与的历史街道质感元素营造：此部分空间元素包括特色店招、广告牌、坐具、历史风格落水管、地方LOGO再现、灯具五金模铸以及特效灯具研发，并以街廓为单元解决历史街区之共同管线课题（如现代化电力配管配线、共同配电场、污水干管等）。

6.4.3 关怀地区历史与集体记忆面向的设计思维

建筑的存在与个人身体经验的互动构成了人体的空间记忆，城市居民的日常生活透过建筑与空间细节的刻画，牵引出人们的记忆，打造了独一无二的“地方”，这是生活在异域或他城的市民所无法体会的，参与深坑三峡老街的修护过程牵引出在地老一辈人的生活记忆。Tim Creswell透过文化地理学的角度来检视此空间实

践的过程：地方的“物质性”意味了空间记忆并非听任心理过程的反复无常，而是铭记于地景中，成为公共记忆。

一般而言，建构集体记忆最常见的方式是建造地标及历史叙事，任何可以唤醒强化记忆的“零件”，譬如一个符号、一个意象、一句标语，集体记忆依靠叙事性文本及非叙事性的对象（Object）、仪式、空间承载，成为公共记忆的媒介。而城市遗产保存的叙事性即是透过修复工程细节与空间叙事性的安排，将残迹遗构更深刻地彰显历史，成为引发民众集体记忆的载体。

记忆与失忆

在三峡老街修复工程的尾声，老街点燃夜间照明准备迎接完工庆典的时候，纪录片拍摄成员访问了住在老街上的三峡国小林信义老师，他回忆三峡老街的修复过程经验，提到三峡人有一种挥不去的“三角涌情节”——就像他妈妈一样，第一进在整修时，她就住到后进，从后门出入，后巷整修施工时她就改从前门出入，整修的过程她都未曾离开老街一步，街上很多老人都是如此。

这些个人记忆犹如拼图，拼凑出在社会学的研究中“集体记忆（Collective Memory）”理论开创者Maurice Halbwachs的观点：一向被我们认为是相当“个人的”记忆，事实上是一种集体的社会行为。一个社会组织或群体，如家庭、家族、国家、民族等，都有其对应的集体记忆以凝聚人群。

记忆的另一面则是“失忆”。整修深坑老街之前整条街望过去看到的都是招牌、遮雨棚、外挂在建筑立面上的附加物，街上的店家问笔者，他们是“白天开的夜市”，整修后他们的商机还会在吗？近二十年来深坑老街因为怀旧豆腐料理的兴起带动老街的周边发展，摊商兴起，整条历史街区的建筑立面与骑楼公共空间成为摊商经营贩卖的场域，居民生活退居后巷，街道空间不再与市民的日常生活有所互动。甚至，沦为摊商眼中所定义的“白天开的夜市”（图6-60），街道缺乏空间正义的生活方式，不再与市民共同的记忆链接，过往市民与深坑老街美好的生活片段也逐渐处于失忆状态。

图6-60 整修前占用街道及土地公庙广场的商业状况
（图片来源：林正雄 摄）

图6-61 整修工程将土地公庙广场附加物的拆除
（图片来源：林正雄 摄）

整修工程到了尾声，街尾的土地公庙广场因为建筑附加物的拆除（图6-61），庙埕广场与望向街道的中轴线再度敞开（图6-62），曾经因为被居民摆摊做生意而被“夹杀”而死的大树，因应庙埕广场的恢复，由说明会的居民建议，设计团队在原本树木的旧址，重新移植一棵大樟树，树木移植后的隔天，里长转述附近居民们的谈话，每个人碰面都在说：“看到土地公的拐杖（指新移植的大树）又找回来了，这样才对嘛！”

图6-62 整修后土地公庙望向街道的中轴线再度敞开
（图片来源：林正雄 摄）

图6-63 透过土地公庙外围整建与大树重植，将天、地、人的和谐关系予以重构
（图片来源：林正雄 摄）

通过恢复旧址的大树，市民生活的“集体记忆”与“群体认同”的关系通过拆除建筑附加物与植树的过程，将“天、地、人”的和谐关系予以重构（图6-63）。老街的整体修护过程，让我们体悟了群体认同如何借由其成员对“群体起源”（历史记忆与述事）的共同信念（the Common Belief of Origins）来凝聚，以及认同变迁如何借由找回“历史记忆”来达成。

6.4.4 回忆与重述：尊重原有古迹史实性的空间再利用叙事构图

英国心理学家Frederick Bartlett，其对于记忆研究的主要贡献在于他对人类“心理构图”（Schema）的实验与诠释。“心理构图”是指个人过去经验与印象集结，所形成的一种文化心理倾向。每个社会群体中的个人，都有一些特别的心理倾向。这种心理倾向影响个人对外界情景的观察，以及他如何由过去记忆来印证或诠释从外在世界所得的印象。这些个人的经验与印象，又强化或修正个人的心理构图。Frederick Bartlett（1932）指出，当我们在回忆或重述一个故事时，事实上我们是在自身之社会文化“心理构图”上重新建构这个故事。由个人心理学出发，Frederick Bartlett所强调的乃是社会文化对个人记忆的影响。

1. 集体记忆的重构与诠释——残迹/原物保存（Preservation）

古迹历经鎏金岁月，呈现的不仅是斑驳、陈旧、引人乡愁的历史躯壳，更重要的是，在历史建筑中处处都有陈年往事，事事都关乎地方历史，历史街区的纹理重建是当地人与地方故事的历史印记，也是集体记忆的文化场域。

以构造技术史角度而论，北台湾历史街区的店屋的主体是闽南式长型街屋构成，具有院落与天井的格局，承重山墙、硬山搁檩、仰合式素烧板瓦的构筑系统（图6-64），街道拱券骑楼与牌楼立面则是日本占领台湾时期道路拓宽与市街改正的风貌（图6-65），不同时期风貌的混合形成了带有折中主义式样的构造技术史鲜活地景。

从生活史面向而言，深坑三峡老街的店屋为依山傍水的河港聚落，以汉族人前后院落带有天井构成的传统汉人长型街屋的空间场景，内街则为日本占领台湾时期因都市计划进行市街改正，拓宽马路后而形成拱券骑楼与牌楼面的近代洋风街道风情（图6-66～图6-68），丰富的先民生活场域融合些许近代洋风生活初体验的故事地景之上，空间历史，透过建筑元素的文化意义诠

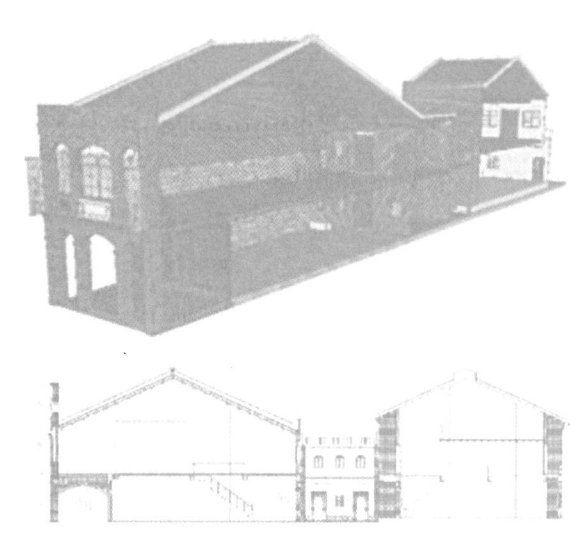

图6-64　北台湾闽南式长型街屋构筑系统具有院落与天井的格局
（图片来源：徐裕健建筑师提供）

图6-65　街道拱券骑楼与牌楼立面是早前时期道路拓宽与市街改正的风貌
（图片来源：林正雄　摄）

图6-66　日本占领台湾时期市街改正，拓宽马路后而形成牌楼面的洋风街道风情一
（图片来源：林柏梁　摄）

图6-67　日本占领台湾时期市街改正，拓宽马路后而形成牌楼面的洋风街道风情二
（图片来源：林柏梁　摄）

图6-68　日本占领台湾时期市街改正，拓宽马路后而形成牌楼面的洋风街道风情三
（图片来源：林柏梁　摄）

释，可以联结上当地住民的历史记忆，进一步将彼此久已疏离的社会关系，在集体认同中重新缝合。地方历史的空间书写及再现，不应只是诉求在浪漫乡愁，更应是积极推展修补疏离小区关系的重要实际行动。

2. 修补与缝合：新构筑嵌入旧地景——仿旧与创新（Imitation and Innovation）

在缝合记忆与认同的裂痕上，保存过程争议的处理至为关键，因光复后拓宽道路都市计划的画设争议让居民造成分裂，有些居民在都市计划保存历史风貌道路决策前已经拆除屋舍，甚至改建大楼，在此修复课题上设计建筑师与工作团队坚持不将历史痕迹抹去，而是经过多次的居民说明会与意见沟通后，充分了解改建大楼者的居住出入与停车需求、一层店铺的商业使用，以及考虑街区骑楼的连续性，并在兼顾街区的建筑风格管制与历史风貌的真实性：在设计方案上找到以钢结构模仿木结构参照老街屋调查的穿斗式构筑（图6-69、图6-70）。此从仿旧到创新的过程也是居民认知与体现历史街区连栋街屋是生命共同体的过程，也就是从参与式规划的沟通、妥协，并从历史中找到认同与一体感的设计决策实践。

另一个从历史风貌中寻找历史质感的实践即是，从既有的工匠匠艺脉络出发，寻找具有人文底蕴的构筑工艺，发掘在地的工匠技术与地域风格语言，并将传统元素与材料应用于产业需求之创新，历史街区相关的公共环境设计领域有许多可以让专业者着墨之处，如历史街区的建筑五金、灯具的包括：沟盖、人手孔盖、招牌、解说设施、夜间照明等（图6-71），均可以注入建筑的历史记忆元素，在重建历史认同的同时，创造多元且精致的环境风貌与细节。

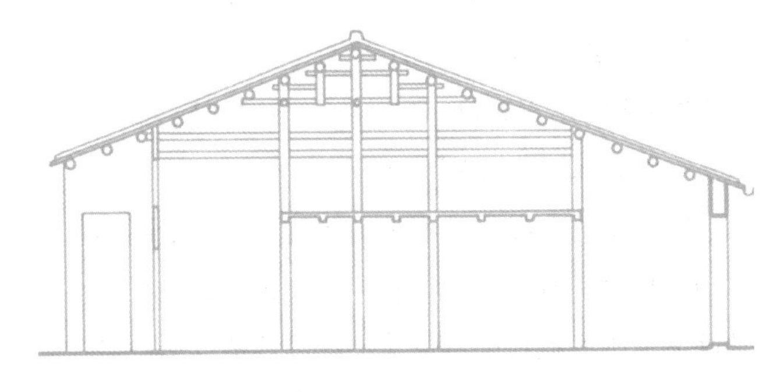

图6-69　深坑老街45号1983年测绘之原貌
（图片来源：夏铸九，1983）

图6-70　深坑老街以钢构模仿木结构风格管制新建延续骑楼空间的构筑设计
（图片来源：林正雄　摄）

图6-71　街道家具风格管制包含沟盖、人手孔盖、招牌、灯具、五金风格
（图片来源：林柏梁　摄）

3. 集体记忆历史地标风华再现——原貌复原（Restoration）

立面为市街区地景风貌的关键课题，立面风格的界定也同时定位了历史街区的性格。“古迹”之所以称为“古”，不仅只在计量建筑物的兴筑年代，更在于具有“历史质感”（图6-72、图6-73）的风貌情境是否能再现。经过分析，历史风貌街区内新建的街屋必须进行风格管制，具有立面材料的历史质感建立，开口部“窗”的比例与材质管控，以及立面装饰艺术的修补与仿作。

其中有一个特别的案例，如新砌清水红砖面的历史质感不佳的课题，在多方讨论后，规划设计团队认为新砌红砖虽能与旧红砖墙形成新旧材料的“可识别性”，但新砌的红砖墙过于均一且历史质感不足，而现场保有许多拆除后的红砖旧材料，在保存极大化的原则下，设计团队将旧材料清洗防护后再利用与新砖混砌，试作多批样品后予以1：4～1：6的比例混铺，以新砌的红砖为基底，将历经80年具历史质感的旧红砖转用混铺，此风貌仿作与旧红砖骑楼原样保持色差和谐（图6-74）。经过多样且高规格的旧材料再利用找回历史质感的旧砖、洗石子饰面的清洗及修补、木门窗的剥漆与色泽考证修复（图6-75）、佚失阳台栏杆的仿作补砌，加上夜间照明之后，不同地域风貌的深坑老街与三峡老街的夜景让人惊艳（图6-76～图6-78），点亮街灯的历史街区不同风情的立面似乎说话了，吸引人们驻足讨论，娓娓道出旧时“文山茶乡”与“染坊街道”的风华。

“整旧如旧”的论点，在于对“原有既存部分”作最少的整理和干预，只要延续其生命力即可，这指的是极珍贵的古迹或文物，其稀有性已达国宝的价值，当然不可任意加以处理，以避免有形无形的伤害。同时，为了突显这些少量珍贵的文化资产，在其旁新作的仿制品必须刻意与其产生区隔，以便于参访者可轻易辨认何者为真，何者为复制。让旧有的材料以新的形式参与整建的过程，会让参访的市民与城市的集体记忆对话，此种互动极具教育意义，远大于所谓区辨“新旧及真伪”的必要性而这也是展现古迹匠艺生命循环的一种“历史连续性”的坚持。

图6-72 具有历史质感的仿旧新作木门窗
（图片来源：林柏梁 摄）

图6-73 具有历史质感的立面装饰与窗户开口比例
（图片来源：林柏梁 摄）

图6-74 在保存极大化的原则下将旧红砖清洗防护后与新砖混砌的墙面
（图片来源：林正雄 摄）

图6-75　木门窗的剥漆与色泽考证修复
（图片来源：林正雄　摄）

图6-76　深坑老街整建后的骑牌楼夜间照明
（图片来源：林正雄　摄）

图6-77　三峡老街整建后的骑牌楼夜间照明
（图片来源：林柏梁　摄）

图6-78　三峡老街整建后的骑牌楼夜间照明
（图片来源：林柏梁　摄）

对古迹而言，残存真实性构件的“整旧如旧”固然重要，而“整旧如故”则应该作为仿制部分的规范，对旧有既存的实物，亦无须坚持其完全不可执行干预，而采极为严苛的“冻结式保存”方式，不仅做到新旧材料的“可识别性”，且兼顾立面作为集体共同记忆的地标物应该具备的历史触感与视觉质感。古迹保存应是有形文化资产保存联结无形文化资产的城市记忆，而不应是将其视为博物馆中“标本式”保存的稀有文物。

4. 补强附加物的构筑美学——加固与强化（Consolidation）

遗产保护的实践者对于修护准则的拿捏，经常摆荡于选择最少的修护干预以确保越多的史实性证物存留，或快速决策“臆测性修复”而造假古董的两难之间。为了达到建筑物维护与可适性利用之目的，笔者深信严谨的考据将引导出多元的修护层级，然而其中关键之要径即为“解体调查”，因其获得信息的多寡对于修护决策的讨论至关重要。

维护文化遗产，需经详尽地记录与严谨地评估，再决定维护的层级与方式，而不是以复原或重建为唯一的修护方式；甚至以文化遗产仍须有其使用机能，给予其可适性之再利用，方为其适当之维护方式。近年台湾古迹“解体调查”的实践之经验，建立修护决策过程重要的关键价值，在解体调查的基础上设计团队着手进行地质钻探、试掘承重墙放脚基础了解其构造形式、检测记录分析原有构造物强度后，针对耐震强度进行补强。

除了进行结构补强外，为强化街屋的耐震功能特别设计钢构柱梁及“三明治”式的钢承版楼板补强，创新补强的构筑融合古迹旧样式，整合力学与美学的概念进行设计（图6-79、图6-80），颠覆以往附加补强构造忽略美学思考的刻板印象。

5. 视觉与触觉的身体经验——风貌与原样复制（Reproduction）

身体经验对于风格的印记莫过于视觉与触觉加乘的

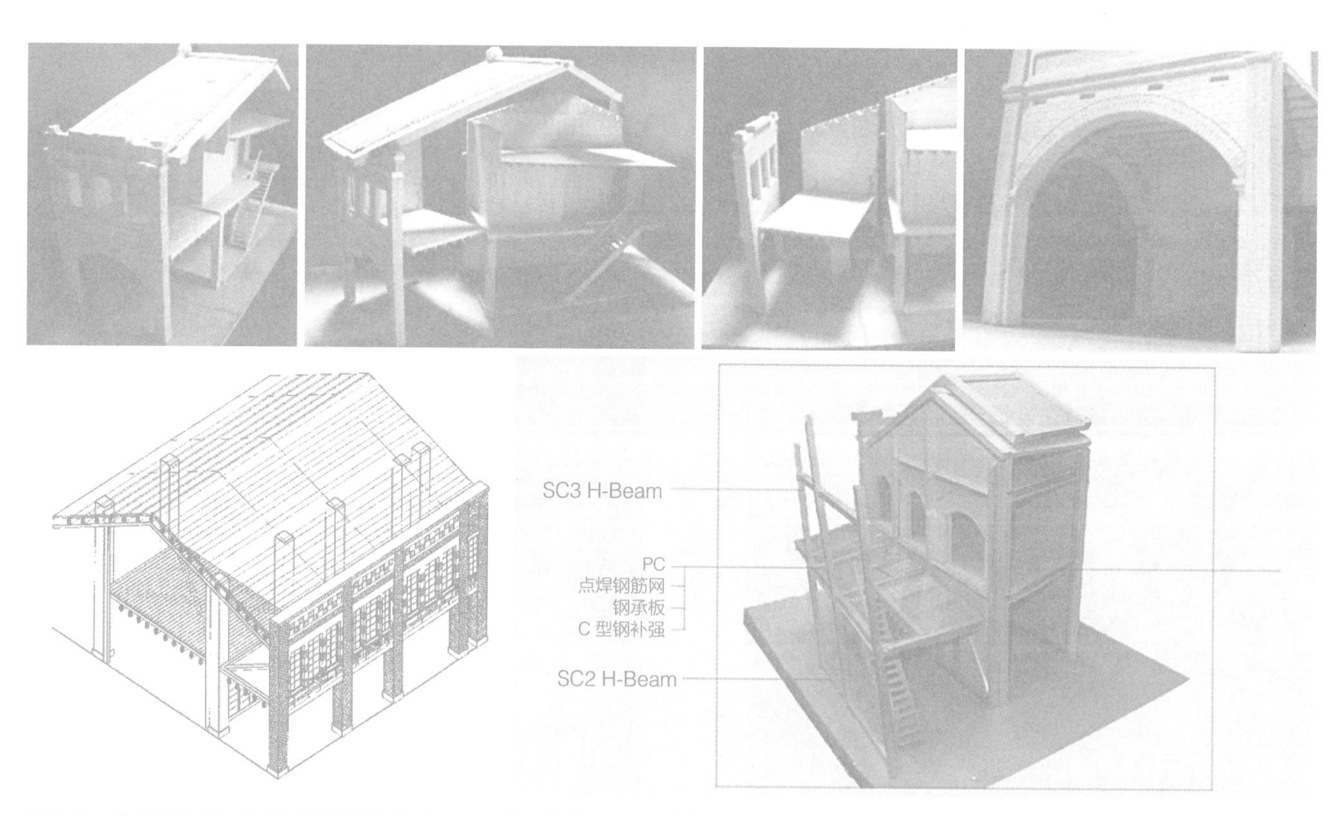

图6-79　补强前街屋复合式构造以及兼顾历史风貌与耐震补强的“三明治”工法
（图片来源：徐裕健建筑师提供）

图6-80　钢结构Deck版楼板补强及补强后骑楼天花风貌复原
（图片来源：徐裕健建筑师提供）

体验，在历史场所中看得见又摸得着的物质莫过于门窗、五金、把手、灯具等，人体近距离可以感受的知觉记忆。设计团队对于可以考证之门窗复原之外，门锁、铰链及五金构件修复基调则是以回复清代及日本占领台湾时期之整体历史风貌与质感为主，辅以因应空间活化之使用需求，配合原有风貌进行仿制、复制的设计（图6-81、图6-82）。仿制原则：①有现存实物者，依实物（现场残件）进行考证修复及五金翻模制作；②无现存实物者，推测“历史风貌”寻找与同时期制作工艺风格之模具比对，验证其

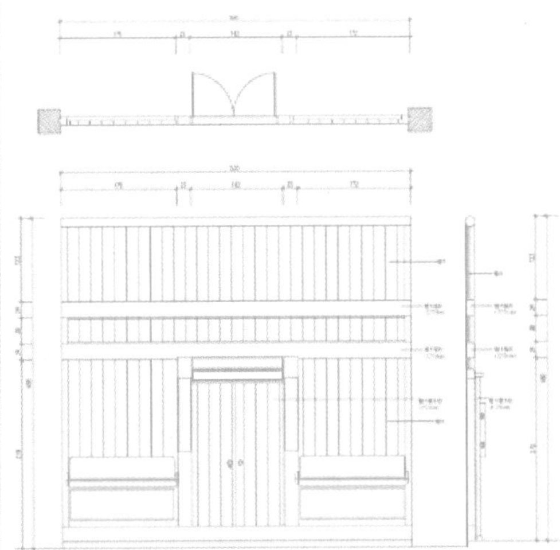

图6-81　仿旧风貌画作与残迹修复的板门店窗
（图片来源：徐裕健建筑师提供）

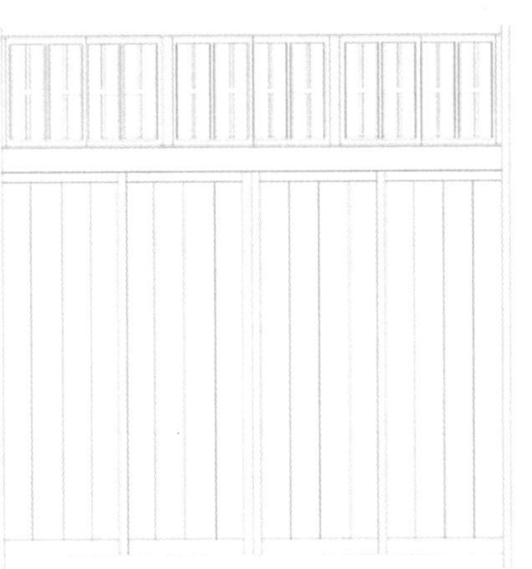

图6-82　仿旧风貌画作与残迹修复的板门店窗
（图片来源：徐裕健建筑师提供）

真实性后，修复木门窗及五金开模进行风格仿制（图6-83、图6-84）。

在可亲近的历史场所中，人们重新开启感官的记忆库，记忆透过身体经验的链接，空间的再现成为个人生命故事的载体，在古迹风华再现的叙事性规划实践过程中集体记忆也重新得到认同与开展。

图6-83 修复后的骑楼门窗五金与历史风格灯具仿作风貌一
（图片来源：林柏梁 摄）

图6-84 修复后的骑楼门窗五金与历史风格灯具仿作风貌二
（图片来源：林柏梁 摄）

6.4.5 小结

城市建筑的本质拥有“双面性格（Janus）”，一半的公共性与一半的私密性。对外的公共性需要接受集体规范，它是属于都市空间的一部分，对内的私密性属于个人，但作为公共财产的历史街区则内部空间亦具有市民的集体记忆成分，透过三峡与深坑老街的兴衰与再现风华的过程可以看出，此类建筑与都市无法切割讨论，古迹保存与城市集体记忆保存是一体的两面。因为历史街区是一属于公众记忆链接的文化遗产，它代表着社会的集体记忆，不论公有或私有古迹都拥有其社会意义，无法不面对公共领域的问题。换言之，集体记忆的建构不同于历史，集体记忆更强调集体性与记忆的社会职能。集体记忆是依靠叙事（Narrative）形成的，经由叙事化的过程，一连串的事件被编排进有意义的结构中，从而成为一个提供集体认同的来源。

建构与叙事性的集体认同保存实践，提供了城市异质地方（Heterotopias）建构的物质基础。具有历史人文底蕴的旧城区再生与发展，虽然在城市治理的层面须讲求经济效益以求开发的可行性，但若毫不考虑其他“非利益”的价值，势必导致扭曲的发展。历史地景与城市遗产的保护可以是建构“异质地方”的基础，也就是历史保存的场景与人的互动产生“镜像关系”，一种深度的空间营造建构反省契机，也可以说历史环境的关怀设计最关键的核心价值，在于如何扮演自觉的角色，让建筑与城市遗产保护与活化产生“反身性”的效果，这关系着市民主体性的建构，也是本章关怀设计论述的核心。（本章作者为林正雄[①]。）

---

① 林正雄，助理教授，台湾大学建筑与城乡研究所硕士、上海同济大学建筑与城市规划学院博士，目前任教于台湾华梵大学建筑学系/智慧生活设计系空间设计组。长期从事古迹、历史建筑及聚落人文地景调研工作、人文性空间规划设计等专业实践达二十余年，曾参与台湾著名之古迹、历史街区保存项目有：国定古迹台北宾馆修复、台南市定古迹林百货修复再利用等二十余处古迹修复工程，三峡老街、深坑老街等历史街区保存活化以及松山文创园区、嘉义旧酒厂等文创园区再生活化等项目。

参考文献

第1章

[1] 莎宾娜・维德伍，迪克・梵蒂可，汤玛士・哈玛雅各森，米亚・皮埃尔，安娜・艾薇里，亚斯柏・隆德. 创造连结：用设计创造有同理心的社会[M]. 颜志翔，译. 台北市：远流，2016.

[2] 王明堂. 移动电话吸引消费者的演进发展[J]. 设计学报，2015，20（3）：65-89.

[3] 台湾行政主管部门统计处. 网址http：//www.moi.gov.tw/stat/news_content.aspx?sn=11554.

[4] 余虹仪. 爱X通用设计——充满爱与关怀的设计概念[M]. 台北市：网络与书店，2008.

[5] 李传房. 高龄用户产品设计之探讨[J]. 设计学报，2006，11（3）：65-79.

[6] 李瑟."新60岁"也避不开悲情连续剧？[J]. 康健杂志，2016.

[7] 林怡廷. 看见老人的需求用设计丰富生活[J]. 天下杂志，2016（601）：124-128.

[8] 洪兰. 动脑兼动手老年不怕"下流"[J]. 天下杂志，2016（601）：26.

[9] 徐小宁. 马斯洛的需求论对关怀设计的启示[J]. 大众文艺，2012（3）：65-66.

[10] 康瑛石. 谈基于关怀思想的残障人士专用产品设计[J]. 浙江工商职业技术学院学报，2015，7（2）：24-25.

[11] 张磊. 关怀设计理念在残障人士专用产品设计中的应用[J]. 现代制造技术与装备，2015（5）：35-36.

[12] 符秀华，陈瑜. 顺应人口老龄化趋势培养实用型老年护理专业人才[J]. 卫生职业教育，2016（36）：70-71.

[13] 郭芝榕. 告别赡养院在地老化才幸福[J]. 天下杂志，2012（504）：80.

[14] 陈一姗，彭子珊. 日本人优雅变老的秘密[J]. 天下杂志，2014（552）：114-118.

[15] 陈威任. 12招预防老人跌倒[J]. 康健杂志，2015：90.

[16] 陈威任. 别只陪吃饭长辈需要你更多关怀[J]. 联合报，2016.

[17] 陈洲. 人口老龄化现状下的高龄者设计要点分析[J]. 科技与创新，2016（12）：46.

[18] 彭子珊. 日本银发族疯创业[J]. 天下杂志，2014（541）：158-159.

[19] 刘光莹. 让爱实时用科技视讯陪伴长辈[J]. 天下杂志，2015（569）：152-154.

[20] 蓝丽娟. 当你活到120岁长寿的黄金计划[J]. 天下杂志，1999（139）：139-142.

第2章

[21] 叶晋利. 休闲的向度与层次　第五届师法自然净化人心理论与实务研讨会论文集[M]. 新北市：原始生活教育学会，2004：92.

[22] 管幸生，阮绿茵等. 设计研究方法[M]. 台北市：全华：2006：2-11.

[23] Kotler, P. *Marketing Management: Analysis, Planning, Implementation*, *and Control* (Seventh Edition)[M]. USA, Prentice-Hall, Inc, 1991: 131-133.

[24] 周文贤，林嘉力. 新产品开发与管理[M]. 台北市：华泰文化公司，2001：54-55.

[25] 诺曼. 设计心理学[M]. 卓耀宗，译. 台北市：远流，2000：45.

[26] 叶晋利. 5W1H法在产品需求信息分析之管理与运用[J]. 华梵艺术与设计学报，2008

（04）：1-13.

[27] 施胜雄，彭游，吴水丕. 人因工程[M]. 台中市：沧海书局，2009：151-164.

第3章

[28] 林振阳. 高龄者认知适应性设计[M]. 台北市：鼎茂，2015.

第4章

[29] American Horticultural Therapy Association（AHTA）https://www.ahta.org.

[30] Hewson, M. L. 植物疗愈的力量[M]. 许琳英，谭家瑜，译. 台北：心灵工坊，2009.

[31] Jarrott, S.E., Kwack, H.R. & Relf, D. An observational assessment of a dementia-specific horticultural therapy program. HortTechnlogy. 2002, 12: 403-410.

[32] Lewis, C. A. 园艺治疗入门[M]. 林木泉，译. 台北：洪叶，2008.

[33] Namazi, K.H. & Haynes, S.R. Sensory stimuli reminiscence for patients with Alzheimer's disease: Relevance and implications. Clinical Gerontologist, 1994, 14(4): 29-45.

[34] Relf, D. Horticulture: a therapeutic tool. J. Rehab. 1973, 39(1): 27-29.

[35] 陈惠美，黄雅玲. 园艺治疗之理论与应用[J]. 中国园艺，2005.

[36] 郭毓仁. 园艺与景观治疗理论及操作手册[M]. 台湾中国文化大学景观学研究所，2002. 取自：http://staff.pccu.edu.tw/~kaoyj/infor1.PDF.

[37] 郭毓仁，张滋佳. 绿色医生——园艺治疗与个案故事[M]. 台北市：文经出版社，2010.

[38] 黄盛璘. 发现绿色疗愈力——园艺治疗研习会[M]. 台北：台湾复健医学发展协会，2012.

[39] 黄耀升. 以生命回顾法融入园艺活动课程对高龄者休闲效益体验影响之研究[D]. 台北：台湾师范大学，2009.

[40] 刘富文. 人与植物的关系[J]. 科学农业. 1999，47（1，2）：2-101.

[41] 王淑真. 阿公阿嬷の田——赡养机构中老人参与园艺活动历程及其对老人健康状况、人际关系和自我概念之影响[D]. 台中：亚洲大学，2008.

第5章

[42] Barthes, R. *The Eiffel Tower and Other Mythologies*[M]. New York: Hill and Wang, 1968.

[43] Barthes, R. *A Lover's Discourse*[M]. New York: Hill and Wang, 1977.

[44] Barthes, R. The Discourse of History. in *Roland* Barthes (Richard Howard trans.), *The Rustle of Language*[M]. Oxford, UK: Basil Blackwell,1986：127-140.

[45] Berger, J. *Ways of Seeing*[M]. New York: Penguin, 1972.

[46] Berman, M. *All that is Solid Melts into Air*: *The Experience of Modernity*[M]. New York: Penguin Books, 1982.

[47] Castells, M. *The Urban Question*[M]. Cambridge, Ma.: The MIT Press (French Original 1973, 1976), 1977.

[48] Castells, M. *The City and the Grassroots*[M]. Berkeley and Los Angeles, California: University of California Press, 1983.

[49] Foucault, M. Texts / Contexts of Other Spaces[M]. *Diacritics*, 1986, 16(1) (Spring)：22-27.

[50] Frampton, K. *Modern Architecture*: *A Critical History* (3th ed.). New York: Thames and

Hudson, 1992.
[51] Gregory, D. entry “discourse”, in R. J. Johnston, D. Gregory & D. M. Smith, eds, The *Dictionary of Human Geography* (3th ed.)[M]. Oxford, UK: Basil Blackwell, 1994: 136-137.
[52] Gregory, D. entry “space”, in R. J. Johnston, D. Gregory & D. M. Smith, eds, *The Dictionary of Human Geography* (3th ed.)[M]. Oxford, UK: Basil Blackwell, 1994: 573-575.
[53] Gregory, D. entry “spatial structure”, in R. J. Johnston, D. Gregory & D. M. Smith, eds, *The Dictionary of Human Geography* (3th ed.)[M]. Oxford, UK: Basil Blackwell, 1994: 581-582.
[54] Gregory, D. entry “spatiality”, in R. J. Johnston, D. Gregory & D. M. Smith, eds, *The Dictionary of Human Geography* (3th ed.). Oxford, UK: Basil Blackwell, 1994: 582-585.
[55] Hadjinicolaou, N. *Art history and class struggle*[M]. London: Pluto Press, 1978.
[56] Harvey, D. *The Condition of Postmodernity*[M]. Oxford, U K: Basil Blackwell, 1990.
[57] Heidegger, M. Building Dwelling Thinking. *Basic Writings*[M]. Taipei: Yeh Yeh Book Gallery, 1985: 332-339.
[58] Ockman, J. & Eigen, E. eds. *Architecture Culture 1943–1968*: *An Documentary Anthology*[M]. Columbia Books of Architecture, New York: Rizzoli, 1993.
[59] Panofsky, E. *Perspective as Symbolic Form*[M]. Cambridge MA: The MIT Press, 1993.
[60] Peet, R. *Modern Geographical Thought*[M]. Oxford: Blackwell, 1998.
[61] Scott, A. J. The Meaning of Social Origins of Discourse on the Spatial Foundations of Society. in P. Could and G. Olsson, eds, *A Search for Common Ground*[M]. London: Pion Limited, 1982: 141-156.
[62] Soja, E. *Postmodern Geographies*[M]. London: Verso, 1989.
[63] Soja E. Writing the city spatially[M]. *City*, 2003, 7(3): 269-280.
[64] Tafuri, M. There is No Criticism, Only History[M]. *Design Book Review*, 1986(09), Spring, pp.8-11.
[65] Teymur, N. *Architectural Education*: *Issues in Educational Practice and Policy*[M]. London: Question Press, 1992.
[66] Watkin, David . *The Rise of Architectural History*[M]. London: Architectural Press, 1980.
[67] 王志弘. 理论的镜子[J]. 建筑与城乡研究所通讯，1994（5）：47-50.
[68] R. J. Johnston, Derek Gregory, David M. Smith. 人文地理学词典[M]. 王志弘，译. 台北：唐山书局，1995.
[69] Wood D. 地图权力学[M]. 王志弘，李根芳，魏庆嘉，温蓓章，译. 台北：时报文化出版企业有限公司，1996.
[70] 王明蘅. 图之三种意义[J]. 建筑师，1988，（14）3：159，57-62.
[71] 李醒尘. 西方美学史教程[M]. 台北：淑馨出版社，1996.
[72] Noberg-Schulz, C., 场所精神：迈向建筑现象学[M]. 施植明，译. 台北：尚林出版社，1985.
[73] Rapoport, A., 建筑环境的意义：非言语的交流途径[M]. 施植明，译. 台北市：田园城市文化事业公司，1996.
[74] 夏铸九. 理论建筑：朝向空间实践的理论建构[J]. 台湾社会研究丛刊，1990（02）.
[75] 夏铸九. 空间，历史与社会：论文选1987—1992[J]. 台湾社会研究丛刊1993（03）.
[76] 夏铸九.（重）建构公共空间——理论的反省[J]. 台湾社会研究季刊，1994（16）：21-54.

[77] 夏铸九. 全球经济中的台湾城市与社会[J]. 台湾社会研究季刊, 1995（15）: 57-102.

[78] 夏铸九. 再理论公共空间[J]. 城市与设计学报，1994（2，3）: 63-76.

[79] 夏铸九. 建筑即媒体，城市就是建筑的好莱坞？——全球都会区域、都会治理、巨型计划、以及其象征表现。2009年12月3日世新大学讲稿。https://docs.google.com/viewer?a=v&q=cache:950YuGGYqEsJ:cc.shu.edu.tw/~ictss/Hsia.doc+建筑即媒体，城市就是建筑的好莱坞？——全球都会区域、都会治理、巨型计划、以及其象征表现&hl=zh-TW&pid=bl&srcid=ADGEEShX-LyFRf3U-CkzvTHd7yzkZvnHeYbw8TCL2gocy6IplCQ4ZHw1q74Rb1MkJUozu4oXo920PIQUAjkQetybz1C4b7_COpQRId5Wh1eq3qrOMlsWlWeVhC6VBNh7htctEBKq1xUY&sig=AHIEtbRcB8k00DRqMg3ruE5SO7oyR8l8yw.

[80] 夏铸九，刘昭吟. 全球网络中的都会区域与城市：北台都会区域与台北市的个案[C]//两岸四地城市发展论坛. 杭州，中国城市科学研究会主办，2002年11月23日—25日.

[81] 夏铸九，王志弘. 空间的文化形式与社会理论读本[M]. 台北：明文书局，1993.

[82] 郭文亮. 认知与机制：中西“建筑”体系之比较[J]. 建筑学报，2009：77-103。

[83] 郭恩慈. 东亚城市空间生产：探索东京、上海、香港的城市文化[M]. 台北：田园城市，2011.

[84] 黄瑞祺. 批判社会学[M]. 台北：三民书局，1996：3-45.

[85] 万书元. 当代西方建筑美学[M]. 南京：东南大学出版社，2001.

[86] 刘丽梅. 元老建筑师专辑/座谈会之二 日据・光复・现在[J]. 建筑师，1984，10（7）: 29-34.

[87] 潘世尊. 行动研究是否科学？对W. Carr论教育科学与行动研究之分析及其启示[J]. 台东大学教育学报，2006，17（2）: 125-150.

[88] K. Frampton. 现代建筑史——一部批判性的历史[M]. 蔡毓芬，译. 台北：地景企业股份有限公司，1999.

[89] 蔡继文. “石碇小镇魅力营造”词条，新北市乡土百科资料库（http://db.tpc.edu.tw/NewTaipeiCity/content.aspx?Entry=123220110515）。台北：智慧藏学习科技股份有限公司，2009.

[90] 萧百兴. “儿时记忆空间”演练作为建筑设计基础认知课程之意义暨其检讨[J]. 华梵学报，1995，3（1）: 121-146.

[91] 萧百兴. 依赖的现代性——台湾建筑学院设计之论述形构（1940中—1960末）[D]. 台北：台大土木工程研究所建筑与城乡组，1998.

[92] 萧百兴. “建筑=空间”的系谱考掘[J]. 华梵学报，2002（8）: 172-197.

[93] 萧百兴. 从“初级图案”到“基本设计”：战后初期西方基本设计在台湾建筑学院的错落传播（1940s中—1970s末）[J]. 华梵学报，2003（9）: 199-225.

[94] 萧百兴. “人文的×身体的×美学的”——九〇年代华梵建筑学系基础设计教育实践的历史考察[J]. 建筑向度设计与理论学报，2005（05）: 21-48.

[95] 萧百兴. 准后现代炫光城市的心灵反归：论文化地域研究对突破全球化消费城市困境的可能实践意涵[M]//杨鸿勋，柳肃副. 历史城市和历史建筑保护国际学术讨论会论文集. 长沙：湖南大学出版社，2006：209-223.

[96] 萧百兴. 准后现代平面城市的深度归反：历史空间作为异质地方的现实解构与意义介入——论中国建筑史研究对突破当前全球化消费城市困境的可能实践意涵[C]//全球视野下的中国建筑遗产：第四届中国建筑史学国际研讨会论文集（《营造》第四辑）。上海：同济大学，2007.

[97] 萧百兴. 泗水洄澜的空间治理及桥缘建构：泰顺山区泗溪镇木拱廊桥与聚落关系的地域文

化初步考察[J]. 建筑向度设计与理论学报，2008（06）：53-82.

[98] 萧百兴. 前进于蛮荒的远望、监控与宣示及其流演：清代嘉义筑城的空间意义初探[M]//颜尚文. 嘉义研究——社会、文化专辑. 台湾人文研究丛书05. 嘉义县民雄乡：中正大学台湾人文研究中心，2008：87-184。

[99] 萧百兴. 从海音澎湃的莿桐城到骚乱混现的神仙府：清代台南城市（台湾府城／台南府城）的时空发展及美学表征初探[M]//戴浩一，颜尚文. 台湾史三百年面面观. 台湾人文研究丛书07. 嘉义县民雄乡：中正大学台湾人文研究中心，2008：1-132。

[100] 萧百兴. 灵明泰顺：一处在与水周旋经验中昂然崛起的边地历史山境[M]. 济南：齐鲁书社，2009.

[101] 萧百兴."吴园"：边陲内地富庶气势的山水凝映及原乡想望——清中叶吴麟舍家族在台湾府城的古典园林空间美学建构[J]. 台湾大学建筑与城乡研究学报，2010（16）：15-35.

[102] 萧百兴. 仙陵地域的磅礴气化之桥：泰顺"仙居桥"的构造美学探讨（电子版）[J]. 文化研究月报，2010，104，取自 http://hermes.hrc.ntu.edu.tw/csa/journal/Content.asp?Period=104&JC_ID=197.

[103] 萧百兴. 重视社造的地域文化特性：全球化挑战下社区掌握空间性的魅力地方营造之途[J]. 社区研究学刊，2010（01）：111-144.

[104] 萧百兴. 催生"历史地理建筑学"：呼唤地域研究及其实践的文化总体性——以泰顺、石碇等地的考察、实践经验为例[J]. 温州大学学报（社会科学版），2010，（23）5，10-23.

[105] 萧百兴. 溪石之间——石碇小镇时空依存之美的魅力地方营造[J]. 中国园林，2010，（26）11，63-67.

[106] 萧百兴. 地域归真的语境编织：石碇小镇历史空间参与设计的修补式实践[J]. 温州大学学报（社会科学版），2011，（24）3，62-75.

[107] 萧百兴. 建筑形式回归人文——身体的学院实验：华梵建筑空间教育实践经验反思（1990年代～2000年代初）[J]. 台湾大学建筑与城乡研究学报，2011，17：59-85.

[108] 萧百兴. 廊桥的"深度空间"潜质及其可能开启的地域振兴之途[M]//赵辰，郑长铃. 第三届中国廊桥国际学术（屏南）研讨会论文集. 北京：文化艺术出版社，2012：347-359.

[109] 萧百兴. 寿宁木拱廊桥的构筑文化研究。华梵艺术与设计学报，2013（8），68-95.

[110] 萧百兴. 庆元编木拱梁廊桥的空间美学：一个地域文化的考察[J]. 温州大学学报（社会科学版），2013，（26）2：1-10.

[111] 萧百兴. 文化地景与魅力聚落：聚落深度旅游规划设计刍论——兼论屏南漈下村的潜力与可能的愿景[C]//中国传统村落文化遗产保护（福建屏南）高峰论坛论文集. 屏南县：天外天国际大饭店七楼，2014：68-83.

[112] 萧百兴. 东北角鼻头传统渔业聚落初探——一个漳州原乡异地移居的空间性考察[J]. 华梵艺术与设计学报，2014（9）：187-208.

[113] 萧百兴. 新工业秩序的空间想望：战后"建筑工学"设计论述在淡江学院的传播形构（1960s中～1970s末）[J]. 城市与设计学报，2014，（5）21：63-113.

[114] 萧百兴. 图绘空间结构：一个建筑设计教学实践的行动研究[J]. 建筑学报，2014，87期：23-48.

[115] 萧百兴. 历史空间的时间活化：台湾产业建筑遗产再利用状况初步省思——一个置入地域性文化地景脉络的考察[C]//2014中国建筑史学会年会暨学术研讨会论文集. 福州市：福建工程学院，2014：52-63.

[116] 萧百兴. 水煮蛋可比金字塔？一个以深度建筑史穿透北京国家大剧院空间形式的批判性实践[J]. 台湾大学建筑与城乡研究学报，2015，21：1-38。

[117] 萧百兴. 命名与对话：历史地理建筑学视野下的聚落研究与实践刍议——以屏南漈下为例[M]//柳肃，陈翚，陈晓明. 2015建筑历史研究与城乡建筑遗产保护国际学术研讨会论文集. 北京：中国建筑工业出版社，2015：26-32.
[118] 萧百兴. 屏南漈下登瀛宫之空间形构初探：一个符号学的解读[C]//2015年中国建筑史学年会暨学术研讨会论文集. 广州：广东工业大学，2015.
[119] 萧百兴. 蜈龙化虹的生命升华："泰顺性"中浮显的泰顺木拱廊桥—兼论中国建筑史的地方化诠释及其地域振兴功能[M]//浙江省文物考古研究所，宁波市保国寺古建筑博物馆. 2013年保国寺大殿建成1000周年系列学术研讨会论文合集。北京：科学出版社，2015：215-232。
[120] 萧百兴. 台湾东北角水湳洞边陲矿业渔港地景之历史地理初探[J]. 华梵艺术与设计学报，2015（10）：177-192.
[121] 萧百兴. 台湾东北角南雅边陲农业渔港之文化地景初探——一个历史地理的考察[J]. 华梵艺术与设计学报，2015（10）：157-176.
[122] 萧百兴. 地理命名与空间布局中浮显的"漈下性"——一个聚落"想像"空间的初步考察[M]//福建省民间文艺家协会，福建省文学艺术界联合会. 记住乡愁：中国（福建）古村落文化遗产保护高峰论坛论文集. 福州：海峡出版发行集团/福建人民出版社，2016：188-211.
[123] 萧百兴. 龙洞聚落之"文化地景"初探——一个台湾东北角边陲农业渔港的历史社会空间考察。收录于吕舟主编，2016年中国建筑史学年会论文集。武汉：武汉理工大学出版社，61-69.
[124] 萧百兴，施长安. 淑世智慧的在地实践：华梵建筑学系在石碇地方的文化——空间营造. 华梵学报，2001（7）：50-64.
[125] 萧百兴，施长安. 石碇乡志[M]. 台北县：石碇乡公所，2001.
[126] 萧百兴，曹劲. 有意味的形式：历史城镇规划再造的建筑空间美学方向初探[M]//中国建筑学会建筑史学分会，河南大学土木建筑学院，河南省古代建筑保护研究所. 建筑历史与理论（2008年学术研讨会论文选辑）第九辑. 北京：中国科学技术出版社，2008：18-26.
[127] 萧百兴，许婉俐. 台湾东北角水湳洞边陲矿业渔港之文化地景及其空间活化初探[M]//浙江省文物考古研究所，宁波市保国寺古建筑博物馆. 2013年保国寺大殿建成1000周年系列学术研讨会论文合集. 北京：科学出版社，2015：233-246.
[128] 萧百兴、许婉俐. 泰顺三魁地域的历史地理变迁与文化意涵初探[M]//吕舟. 2016年中国建筑史学年会论文集. 武汉：武汉理工大学出版社，2016：211-223.
[129] 黛安吉拉度. 现代主义以后的建筑[M]. 台北：龙辰出版事业有限公司，1993.

第6章

[130] Frederick Bartlett, Remembering. *A Study in Experimental and Social Psychology*. London: Cambridge University Press, 1932: 199-202, 296.
[131] Coser, Lewis A. *Introduction: Maurice Halbwachs, in On Collective Memory, ed. & trans*. Chicago: The University of Chicago Press, 1992.
[132] Halbwachs, Maurice. *Les cadres sociaux de la memoire*. Paris: Presses Universitaires de France, 1952.
[133] 于国华缓拆三峡老街有转机[N]. 民生报，1997-01-28.
[134] Tim Creswell. 地方：记忆、想象与认同[M]. 王志弘，徐苔玲，译. 台北：群学出版社，2006：138.

[135] 王明义. 三峡镇志[M]. 台北：三峡镇公所，1993.
[136] 王淑宜. 老街风情[M]. 台北：台北县政府文化局，1995.
[137] 米复国. 三峡古街保存及整体发展之研究[M]. 台北：文化建设委员会，1992.
[138] 台北县政府. 三峡老街复旧全纪录[M]. 台北：台北县政府，2009.
[139] 林能士. 深坑乡志[M]. 台北：深坑乡公所，1997.
[140] 林正雄. "地区人文性"与"永续发展"共存的城市遗产保护规划理论与实践[D]. 上海：同济大学，2009.
[141] 林正雄. 集体记忆与城市遗产保存的叙事性：以台南市定古迹林百货保存活化为例[J]. 建筑师，2015，494期，106-111.
[142] 林兴仁，刘如桐，林佛国，盛清沂. 台北县志[M]. 台北：台北县文献委员会，1985.
[143] 徐裕健，林正雄. 三峡三角涌老街保存经验研究[C]//2003海峡两岸民居学术研讨会论文集. 广州：民居学会，2003.
[144] 徐裕健，林正雄，李树宜. 台北县深坑乡"深坑老街"保存方式调查研究[M]. 台北：台北县政府委托华梵大学研究出版，2003.
[145] 徐裕健建筑师事务所. 台北县三峡三角涌老街周边环境整体规划计划书. 台北：台北县政府城乡发展局委托研究（未出版），2004.
[146] 徐裕健建筑师事务所. 三峡民权老街周边巷弄空间再造规划计划书，台北：台北县政府城乡发展局委托研究（未出版），2009.
[147] 徐裕健建筑师事务所. 深坑老街修复施工纪录工作报告书，台北：新北市政府城乡发展局委托研究（未出版），2013.
[148] 郭肇立. 战后台湾的城市建筑保存与公共领域，建筑学报，2009，67期 81-96.
[149] 夏铸九. 台湾传统长形连栋式店铺住宅之研究. 台北：台湾大学土木工程学研究所都市计划研究室，国科会补助专题研究报告，1983.
[150] 夏铸九. 异质地方之营造：理论与历史[M]. 台北：唐山出版社，2016.